EL SEXO DEL CEREBRO

tanto por saber

EL SEXO DEL CEREBRO

La diferencia fundamental entre hombres y mujeres

Francisco J. Rubia

temas de hoy.

Ilustraciones: Diego Carrillo, 2007

Colección: Tanto por Saber

Paseo de Recoletos, 4. 28001 Madrid
www.temasdehoy.es
Primera edición: marzo de 2007
ISBN: 978-84-8460-628-4
Depósito legal: M. 5.434-2007
Preimpresión: J. A. Diseño Editorial, S.L.
Impreso en Mateu Cromo AA.GG., S.A.
Printed in Spain–Impreso en España

ÍNDICE

Estoy profundamente agradecido a Luis Miguel García Segura, profesor de investigación del Instituto Cajal y especializado en Neuroendocrinología, por la revisión científica del manuscrito, así como a Felipe Valencia por la revisión general del mismo y a Ana Granda, de la editorial Temas de Hoy, que tan amablemente ha tratado mis escritos.

INTRODUCCIÓN

El contenido de este libro pretende responder a algunas de las preguntas que los medios de comunicación me hicieron con motivo de la publicación de mi anterior libro, titulado *¿Qué sabes de tu cerebro?* Curiosamente, la pregunta que más se repitió en estas entrevistas fue: ¿cuál es la diferencia entre ambos sexos respecto a estructura y función cerebrales?, o ¿es el cerebro femenino distinto del masculino? De ahí que me decidiese a escribir sobre el *sexo* del cerebro.

Para satisfacer esa curiosidad tan generalizada y poner en manos del lector la información pertinente —y a petición también de la propia editorial—, he intentado en este libro difundir lo que se sabe al respecto de manera sencilla; sin perder, naturalmente, el rigor que siempre exige el tratamiento de temas científicos.

Quiero advertir de entrada que estamos aún lejos

de conocer los pormenores de la base orgánica, cerebral, de nuestro comportamiento e inclinación sexuales, y que muchas de las hipótesis que se barajan son muy controvertidas. Pero supongo que el lector no va a exigir de mí que le cuente más de lo que hoy puede decirse sobre este tema. Somos libres de especular sobre cualquier asunto, pero entonces el libro tendría otro propósito, más lúdico, que podría mejor satisfacerse recurriendo a la ficción o consultando los libros que tratan este tema con desenfado y ligereza.

Lo que sí es cierto es que reina una gran confusión sobre el tema, de manera que, ignorando los datos científicos, hay quienes utilizan algunas diferencias para hacer prevalecer una supuesta superioridad de un sexo sobre otro; otros, para defenderse ante cualquier acusación de primar el otro sexo, suponen y defienden a ultranza la presunta igualdad entre ambos sexos.

En cualquier caso, tendremos que considerar lo que significa ser macho o hembra, hombre o mujer, y discutir si el sexo está determinado por la genética, la anatomía o la conducta. Más difícil aún es dilucidar lo que determina la atracción o la identidad sexual. ¿Por qué nos sentimos atraídos por el sexo opuesto o por el mismo sexo? ¿Qué es lo que determina que nos sintamos hombre o mujer? Son preguntas que pueden ser percibidas por una persona con una tendencia bien definida como superfluas, pero que no lo son para otras, en las que siempre existen dudas sobre la propia identidad sexual o sobre la propia atracción por un sexo determinado. Esta atracción, por ejemplo, ¿está determinada por experiencias en la niñez, por la influencia de otras personas o por la estructura cerebral?

Espero que los datos que hoy puede aportar la ciencia nos acerquen más a la verdad; pero, sobre todo, nos hagan más cautos cuando tratemos de afirmar algo con una rotundidad que ni los datos científicos ni en general nuestros conocimientos, siempre tan limitados, nos permiten. Repito que la ciencia nos acerca a la verdad, pero que no existe en ella una verdad que sea perenne, a diferencia de la religión; más bien, la ciencia siempre trata verdades que pueden ser refutadas por nuevos descubrimientos.

F. J. Rubia
Fuente del Fresno, 2006

El sexo del cerebro

El título del libro se refiere al hecho de que, en primer lugar, la base orgánica de la conducta y tendencia sexuales se encuentra en el cerebro; y en segundo lugar, a que, efectivamente, el cerebro masculino y el cerebro femenino son diferentes. Soy consciente de la existencia de una corriente de pensamiento que sostiene la igualdad de ambos sexos por lo que respecta a su cerebro, afirmación basada más en una creencia o deseo que en datos objetivos. Ante esta afirmación, simplemente, yo aduciría que si aceptamos que toda conducta tiene que tener una base neurobiológica, cerebral, entonces está claro que los sexos tienen que diferenciarse, como lo hacen en innumerables especies de animales, no sólo genéticamente o por los caracteres sexuales primarios y secundarios, sino también por sus conductas y, por tanto, por su estructura cerebral.

El igualitarismo —o sea, la afirmación de que los

sexos son iguales— se ha convertido en una ideología, en el sentido de «falsa conciencia de la realidad», o el compromiso con un sistema de creencias que no tiene ningún apoyo experimental. Hemos confundido el concepto occidental de que los seres humanos son todos iguales ante la ley con que los seres humanos son todos iguales. El primer concepto es político y quiere decir que, a pesar de las diferencias entre los individuos, deben ser tratados de igual manera ante la ley. La ideología igualitaria sostiene que si la crianza, la alimentación, la educación y el entorno son iguales, las personas también lo serán. Lo sostiene en contra de la experiencia que cada padre o madre tiene con sus propios hijos, pues aun gozando dc las mismas condiciones medioambientales, pueden ser completamente diferentes; lo cual, por supuesto, no excluye ni mucho menos las influencias medioambientales.

Nuestro cerebro es el producto de la evolución y no ha cambiado desde que el primer *Homo sapiens* moderno pobló la tierra hace unos 50.000 años. Es de suponer que aquel cerebro y sus facultades respondían, según la teoría de la selección natural, a ciertas demandas del entorno, y que las diferencias de sexo se debían a la división de trabajo en esos tiempos remotos. La sociedad de entonces era una sociedad de cazadores-recolectores. El hombre se dedicaba a la caza mientras que la mujer recolectaba alimentos y cuidaba la prole. Podemos considerar esta división de trabajo injusta, pero lo que no podemos hacer es negarla como si no hubiese existido y como si no tuviese ninguna influencia sobre las diferencias de sexo que hoy encontramos. Si en el futuro decidiésemos, con nuestra técnica, cambiar esta situación, es probable que pudiéramos hacerlo conociendo mejor los mecanismos evolutivos y utilizando las técnicas de manipulación genética. Pero habría que saber si es eso lo que nos interesa: la creación de individuos iguales sin importar de qué sexo sean. Posteriormente veremos que esta división de trabajo primigenia puede explicar muchas de las diferencias que encontramos entre los sexos respecto a sus capacidades cognoscitivas.

Doreen Kimura, neurocientífica canadiense, decía: «¿Son los cerebros masculino y femenino realmente diferentes?». Y continuaba: «Sería divertido si los cerebros de hombres y mujeres no fueran diferentes, dadas las diferencias morfológicas, y a menudo llamativamente conductuales, entre los hombres y las mujeres».

Anne Moir, especialista en genética, y el periodista David Jessel han escrito hace poco en un libro dedicado a este tema: «Mantener que el hombre y la mujer son los mismos en aptitudes, habilidades o conductas es construir una sociedad basada en la mentira biológica y científica».

Desde luego, si el cerebro del hombre y el de la mujer son diferentes, entonces está claro que, al menos en su comportamiento, los sexos tienen que ser diferentes. Habría, pues, que mostrar que están construidos de manera diferente, que procesan la información de forma distinta y que, como resultado, tanto la percepción, como las prioridades y la conducta son diferentes. De manera inversa podríamos decir que si el comportamiento de la mujer y del hombre son distintos, y aceptamos que toda conducta humana tiene que tener una base neurobiológica en el cerebro, entonces se deduce lógicamente que los cerebros femenino y masculino tienen que ser distintos.

Sobre este último punto, la conducta, se han explicado las diferencias aludiendo a los condicionamientos sociales, es decir, a las expectativas creadas por la familia, muy en especial por los padres, pero que suele compartir toda la sociedad en la que se está inmerso. Pero cada vez resulta más evidente que las hormonas, que son distintas en el hombre y en la mujer, al interaccionar con receptores que existen para ellas en el cerebro, son las causantes de esas diferencias. Por lo que, a no ser que cambiemos las circunstancias del entorno fetal, la naturaleza producirá dos sexos con aspectos diferentes, pero también con cualidades cognoscitivas diferentes basadas en un cerebro distinto.

Otro argumento importante y utilizado muy a menudo es la posibilidad de que la división de trabajo en las sociedades humanas más primitivas, la de los cazadores-recolectores, haya podido influir sobre el desarrollo del cerebro en uno u otro sentido. Sobre este tema hablaremos también en este libro, aunque es claro que no puede ser más que de manera especulativa.

Es mi convicción que, aunque sin negar que los condicionamientos psicosociales hayan podido tener una influencia en costumbres y comportamientos característicos de un sexo, al final nos encontraremos siempre con la diferenciación sexual que la naturaleza desarrolló en algún momento de la evolución, seguramente por determinadas ventajas que luego discutiremos. Y ese *dimorfismo* sexual —como de hecho se llama la diferenciación de los sexos— afecta al cuerpo, al aspecto físico, pero también al mental, al cerebro. Aparte de los genitales internos y externos, la región más importante por lo que respecta a la diferenciación sexual es el cerebro.

Se ha llegado con exageración a decir que incluso la búsqueda de diferencias entre los sexos ya implica una actitud sexista, que lo que en realidad busca son motivos para perpetuar la desigualdad histórica que han sufrido las mujeres. Consciente, pues, de las críticas que puedan venir de personas que han soñado con una inalcanzable igualdad entre los sexos, a lo largo de este libro me limitaré a exponer lo que hoy sabemos con certeza, y también lo que aún no sabemos, que diferencia a un sexo del otro. Ahora bien, habrá que tener en cuenta las palabras de Simon Baron-Cohen, director del Centro de Investigación sobre Autismo en Cambridge, Reino Unido: «Tenemos que ser cautos, por supuesto, en asumir que las diferencias de sexo sean sólo debidas a la biología. Hacer esto será cometer el error opuesto al que se vio en los años sesenta, cuando era frecuente asumir que todas las diferencias de sexo reflejaban la socialización».

Los condenados por cualquier tipo de delito son mayoritariamente hombres (93%) y la población reclusa también es predominantemente masculina (92%).

[Fuente: Instituto Nacional de Estadística]

Es decir, nadie puede negar la importancia que tiene el entorno sobre los comportamientos y su evolución. La dicotomía «o genes o medio ambiente» está mal planteada, ya que es imposible separar ambos factores. Los genes necesitan del entorno apropiado para expresarse —como se sabe del lenguaje—, pero además ellos mismos son fruto de la interacción del organismo con su entorno a lo largo de la evolución. No vamos, pues, a negar en absoluto la influencia que haya podido tener en los distintos comportamientos de hombre y mujer el entorno en el que han vivido desde que estamos en el planeta, pero eso no impide hacer referencia a las diferencias que hoy existen en esos comportamientos y en las estructuras cerebrales que los soportan.

También quiero en este lugar decir que el autor en sus explicaciones sigue las pautas que la teoría de la evolución de Darwin ya planteó sobre el origen de las especies hace ya casi ciento cincuenta años. Como alguien dijo, la teoría de la evolución no es una teoría, sino un hecho. Lo que sigue planteando un reto a la ciencia son los mecanismos por los que este hecho puede explicarse. Lógico es que nos atengamos a lo que la ciencia hoy sabe, conscientes de que las explicaciones pueden también cambiar a medida que nuevos conocimientos se añadan al acervo científico.

Hay muchos hechos que nos dicen que la selección natural y la selección sexual que Darwin descubrió explican la evolución de las especies mejor que ninguna otra teoría. No me pronuncio sobre el llamado *diseño inteligente* —una versión del creacionismo no tan moderna como la gente piensa, ya que se remonta al sacerdote anglicano William Paley (1743-1805)—, pues se trata de un tema completamente distinto más relacionado con la creencia religiosa que con la ciencia.

La identidad sexual

El 8 de enero de 1973, la revista norteamericana *Time* publicó un artículo refiriéndose a un caso de cambio de sexo que es, a mi modo de ver, muy esclarecedor. En 1965 nació un niño que durante una circuncisión de rutina sufrió un accidente: el electrocauterio utilizado por el cirujano le quemó completamente el pene. Los padres, desesperados, intentaron todo lo posible por arreglar este asunto sin éxito, hasta que oyendo un programa de televisión en el que un médico informaba que al nacer todos los bebés son neutrales por lo que respecta al sexo, decidieron cambiar la identidad de su hijo. Consecuentemente, el niño fue castrado, sometido a cirugía plástica, tratado con hormonas femeninas en la pubertad para convertirlo en una mujer. Por supuesto, los padres trataron al niño desde su castración como si fuese una niña.

Al principio, el niño pareció comportarse como si fuese una niña, por lo que el artículo de *Time* se excedía en argumentos justificando que los patrones masculino y femenino podían cambiarse a voluntad. Todo esto coincidía con cambios en la sociedad, que por entonces discutía si habría igualdad en los papeles masculino y femenino.

Ahora bien, el seguimiento de este caso mostró que todos los esfuerzos de los padres fueron inútiles. El niño siempre dijo sentirse como tal, por lo que su niñez fue una auténtica tortura. Cuando se hizo mayor, se sentía atraído por chicas y decía que se sentía como un chico atrapado en el cuerpo de una chica, intentando incluso orinar de pie. A los ocho años se sintió como un niño, a los doce años rehusó ingerir estrógenos para que se formasen los senos y a los catorce decidió vivir como un chico. Al final, el padre le contó todo lo que había ocurrido con él; como consecuencia de esta conversación, el chico exigió volver a su sexo. Se operó de nuevo para quitarse los pechos y consiguió que le reconstruyeran un pene.

Terminó casándose y adoptando los hijos de su mujer. Su identidad sexual, lo que él mismo creía de sí, nunca cambió, a pesar de todos los esfuerzos. Y jamás tuvo un interés sexual hacia el sexo masculino.

La conclusión que se ha sacado de esta experiencia es que cuando se nace con un *cerebro masculino*, ni la terapia hormonal, ni la cirugía, ni la educación como mujer pueden cambiar la identidad del sexo.

Por contraste, veamos lo que ocurre con una anomalía congénita de las glándulas adrenales. La mujer que nace con la llamada hiperplasia adrenal congénita tiene, como el nombre indica, glándulas adrenales demasiado grandes al nacer. Las glándulas adrenales son conocidas también como glándulas suprarrenales, por estar colocadas encima de los riñones. Segregan, aparte de hormonas, adrenalina y cortisol como respuestas al estrés. Como las glándulas adrenales segregan grandes cantidades de hormonas masculinas, andrógenos (de *andros*, «hombre», en griego), las mujeres con esta anomalía, cuando nacen, tienen ovarios normales, pero sus genitales externos son de tamaño intermedio entre un clítoris normal y un pene. Estas mujeres suelen comportarse de manera agresiva y con una conducta que solemos llamar «de marimacho». En la edad adulta, la mayoría son heterosexuales, pero, comparadas con otras mujeres, arrojan un alto porcentaje de homosexualidad. En resumen: aquí tenemos otro ejemplo que nos indica, al parecer, que los niveles hormonales en edades tempranas son fundamentales para la identidad de sexo.

Estos dos ejemplos muestran las dificultades con las que nos encontramos cuando intentamos buscar las causas de lo que llamamos *identidad de sexo*. Muchos experimentos se contradicen, hay casos clínicos con diferentes resultados, hay diferencias individuales que suelen ser mayores que las que existen entre los sexos, y un largo etcétera, lo cual dificulta el estudio de los orígenes de nuestro sexo tal y como lo experimentamos subjetivamente.

Poner orden en toda esta maraña de datos no es fácil, por lo que propongo que empecemos por las cuestiones más sencillas.

Sexualidad

Por sexualidad suele entenderse el conjunto de condiciones anatómicas, fisiológicas y afectivas que caracterizan cada sexo. También se refiere al impulso sexual orientado a procurar placer al organismo, así como a la reproducción. Sin sexo no habría reproducción, pero eso no quiere decir que no pueda haber sexo sin reproducción. Más bien, la experiencia no sólo humana, sino también de otros animales, como los bonobos o chimpancés enanos de África, nos dice que la sexualidad puede darse por el puro placer, fuera de la intención de reproducción.

Vale la pena detenerse un momento porque considero que éste es un ejemplo muy esclarecedor respecto a la conducta humana. Los bonobos son llamados también chimpancés enanos o pigmeos y viven en las húmedas selvas centroafricanas. Se alimentan de frutos y hojas. A diferencia de los grupos de los chimpancés comunes, los suyos están organizados por las hembras. Pero lo más interesante son sus relaciones sexuales. Los bonobos utilizan el sexo para resolver conflictos, como saludo, para conseguir alimentos u otros favores, y también como entretenimiento. Entre todos los primates no humanos, los bonobos son los únicos en los que se ha podido detectar una conducta sexual extremadamente variada y realizada por puro placer, lo que contradice, si añadimos la enorme variedad de la sexualidad humana, que la sexualidad sirva sólo a fines reproductivos. Se han observado entre los bonobos besos con lengua, cópulas cara a cara (los únicos en el reino animal aparte del hombre), sexo oral, homosexualidad, masturbación, frotamiento de genitales, etc. Frans de Waal, experto en primatología, les ha llamado «los primates del Kamasutra» por su polifacética actividad sexual.

Por otro lado, la sexualidad infantil que Freud puso de relieve no podía, por razones fisiológicas, tener un fin reproductivo, como no lo tiene ni la masturbación ni la homosexualidad. Y habría que añadir que el término *reproducción* no tiene por qué implicar la sexualidad, ya que existe una reproducción asexual o vegetativa a diferencia de la sexual o generativa.

Órganos y características sexuales

Los órganos sexuales son aquellos que determinan el sexo físico de una persona; son llamados también características sexuales primarias o genitales, aunque esta última denominación, por su origen etimológico, significa que son órganos dedicados a la reproducción, lo que sólo en parte es cierto. No hay que olvidar la función erótica que estos órganos tienen junto con otras zonas del cuerpo. Si no fuese así, dejarían de llamarse genitales los órganos sexuales de la mujer después de la menopausia, ya que en esas circunstancias ya no puede reproducirse.

En la mujer, los órganos sexuales externos e internos son: los labios mayores y menores de la vagina, el clítoris, el útero o matriz, las trompas de Falopio y los ovarios. Éstos son los órganos. En el hombre son: el pene, el escroto, los testículos, el epidídimo, el conducto deferente, la vesícula seminal, la próstata y las glándulas bulbouretrales.

Aunque las características sexuales secundarias suelen definirse como aquellas que distinguen los dos sexos de una especie, pero que no son directamente parte del sistema reproductor, ya hemos visto que la función de los órganos sexuales no se agota en la reproducción, sino que juegan un enorme papel en el placer sexual, que puede ser independiente del fenómeno reproductivo.

Suele decirse que las características sexuales secundarias sirven para dar ventaja a los individuos en cualquier competición. Por ejemplo, los cuernos de los ciervos; pero también para atraer a los miembros del sexo opuesto, como el bello plumaje de los machos del ave del paraíso. En la hembra, algunas características están en relación con la maternidad. En el hombre, las características sexuales secundarias incluyen: el vello en diversas partes del cuerpo, mayor anchura de tórax y

Sistema reproductor masculino

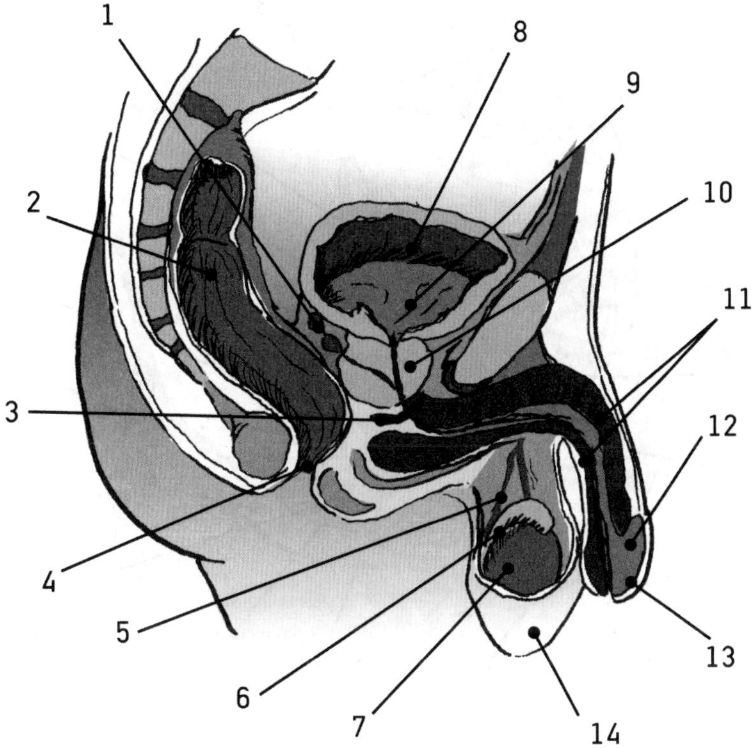

1 Vesícula y conducto seminal
2 Recto
3 Glándula bulbouretral y su conducto
4 Ano
5 Conducto deferente
6 Epidídimo
7 Testículo
8 Vejiga urinaria
9 Uretra prostática
10 Próstata
11 Músculo bulbocavernoso
12 Glande
13 Prepucio
14 Escroto

Sistema reproductor femenino

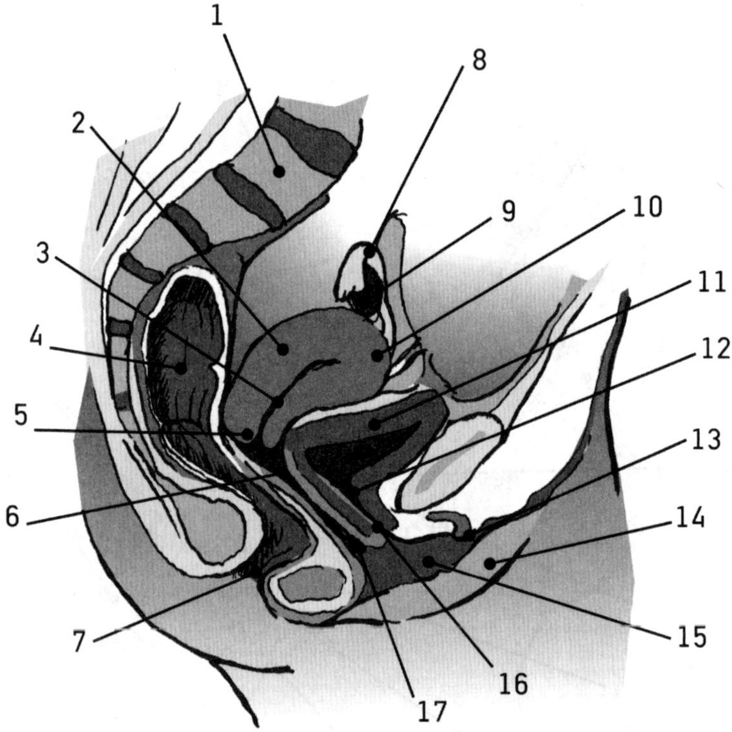

1 Sacro (columna vertebral)
2 Cuerpo del útero
3 Conducto uterino
4 Recto
5 Cuello del útero
6 Vagina
7 Ano
8 Trompas de Falopio
9 Ovario
10 Fondo del útero
11 Vejiga urinaria
12 Uretra
13 Clítoris
14 Labio menor
15 Labio mayor
16 Orificio uretral
17 Orificio vaginal

hombros, mayor masa muscular, huesos y cráneo más pesados, voz más grave, piel más áspera.

En la mujer, las características sexuales secundarias incluyen: el crecimiento de los senos, una estatura algo menor que la del hombre, la anchura de caderas, menos vello, mayor grasa subcutánea, depósitos de grasa en glúteos y muslos, piel más suave.

Las hormonas y el ciclo menstrual

Se llama ciclo menstrual al período comprendido entre el inicio de una menstruación (hemorragia en la mujer fértil) y el comienzo de la siguiente, con una duración de unos 28 días, aunque esta duración puede variar.

El ciclo menstrual suele dividirse en tres fases que están bajo la influencia de las hormonas sexuales femeninas o estrógenos (de *estros*, «tábano» o «deseo malsano», en griego). Los estrógenos se producen en el ovario y se liberan al torrente sanguíneo; también estimulan la maduración de los folículos de Graf en el ovario que contienen los óvulos; sólo uno de estos óvulos madura y los demás se atrofian. A las dos semanas aproximadamente, el folículo se rompe y libera al óvulo. Este fenómeno se denomina ovulación (unos 14 días antes de la próxima menstruación). El óvulo se dirige por las trompas de Falopio al útero, donde se implanta para dar lugar al embrión si ha sido fertilizado por los espermatozoides del semen masculino. La implantación del óvulo impide la siguiente menstruación. El folículo que contenía el óvulo se transforma en el llamado cuerpo amarillo y produce la hormona progesterona, y también estrógeno. El embarazo ayuda a que este cuerpo amarillo se mantenga liberando esas importantes hormonas.

Tanto el ciclo menstrual como el ciclo ovárico están regulados por unas hormonas que proceden del hipotálamo, de la pituitaria o hipófisis y de los folículos ováricos. El hipotálamo segrega unas hormonas llamadas factores liberadores de las gonadotropinas; se denominan así porque, efectivamente, hacen que se liberen en el lóbulo anterior de la hipófisis dos hormonas importantes: la hormona luteínica (LH) y la hormona estimuladora del folículo (FSH). La LH es responsable de la producción de andrógenos en el testículo y estrógenos en el ovario. También es responsable de la ovulación y de la formación del cuerpo amarillo antes mencionado. La FSH estimula la maduración del folículo y la secreción de estrógenos; en el hombre es responsable de la espermatogénesis en los testículos.

A su vez, la testosterona y los estrógenos inhiben los factores liberadores de las gonadotropinas en el hipotálamo, formando un circuito de retroalimentación.

Reproducción

Se entiende por reproducción el proceso por el cual los individuos generan nuevos individuos. En el caso de la reproducción asexual, un solo organismo puede originar nuevos individuos que son copias genéticamente idénticas de sí mismo. La llamada partenogénesis (del griego *parthénos*, «virgen» y *génesis*, «que produce descendencia») es una forma de reproducción asexual por hembras no fecundadas, en las que el óvulo se segmenta generando dos individuos idénticos con la misma carga genética. Este tipo de reproducción se observa en insectos, anfibios y reptiles. Por cierto, el nacimiento de la diosa griega Palas Atenea de la cabeza de Zeus es un caso claro de partenogénesis, así como el origen de la palabra.

Es curioso que en la mitología griega los seres primigenios, divinos, neutros o femeninos engendraban por sí solos. Esta partenogénesis implica la androginia, algo común a muchos seres divinos a comienzos de los tiempos. Así, por ejemplo, en la *Teogonía* de Hesíodo, del Caos (neutro) salieron el Erebo (neutro) y la Noche (femenina). La tierra dio a luz por sí sola al cielo estrellado. La diosa Hera, que en principio era una figura andrógina, engendra también por sí sola a Hefesto y a Tifón. En la mitología sumeria, la diosa Nammu (la mar primordial) engendra por partenogénesis la primera pareja: el cielo (An) y la tierra (Ki), que representan los principios masculino y femenino. Y en la cosmogonía más antigua de Egipto, la de Menfis —que fue la capital de los faraones de la primera dinastía—, Ptah crea por su espíritu (su corazón) y su verbo (su lengua). También Ptah crea por partenogénesis a la primera pareja divina. Éstos son sólo algunos ejemplos de los muchos que podían ponerse sobre la androginia primitiva de los dioses creadores y de muchos otros.

La sexualidad no ha sido imprescindible para la evolución; se calcula que más de 2.000 especies se han desarrollado a lo largo de la evolución sin sexo alguno. De ahí que en biología se haya planteado como pregunta fundamental para qué sirve el sexo.

En organismos unicelulares, la partenogénesis es conocida como fisión, o sea, la simple división de una célula individual en dos. En los animales multicelulares el proceso es conocido como partenogénesis, como hemos dicho anteriormente. En los estanques suelen criarse criaturas microscópicas, los rotíferos Bdelloidea, que se vienen reproduciendo por partenogénesis durante los últimos 40 millones de años.

El suicidio es un fenómeno predominantemente masculino. En 2003, tres de cada cuatro suicidas fueron varones (76,4%).

[Fuente: Instituto Nacional de Estadística]

La reproducción sexual requiere que dos individuos de diferente sexo participen en el proceso por el cual sus ADN se mezclan, resultando un individuo distinto de sus progenitores. Por tanto, puede decirse que la sexualidad tiene como meta la creación de diversidad de individuos, hasta el punto de que es prácticamente imposible que nazcan dos individuos iguales, a excepción, claro está, de los gemelos idénticos o univitelinos. La recombinación de los genes es la causa de esta diversidad. Ahora bien, con la recombinación se pierde la posibilidad de mantener aquellos genes que son especialmente buenos, ya que la mezcla puede hacer que desaparezcan en la próxima generación. Por supuesto, también los malos.

El instinto reproductivo es una tendencia poderosa parecida a la que nos lleva a la ingesta de alimentos, ya que aquélla está al servicio de la supervivencia de la especie y la segunda, a la supervivencia del organismo. En ambos casos, se trata de motivaciones subconscientes que están controladas por estructuras cerebrales subcorticales, como si el organismo las considerase tan importantes que no deberían estar sometidas a los caprichos del pensamiento consciente.

La alerta sexual en hombres y mujeres adultos se produce por estímulos sensoriales y psicológicos eróticos (visuales, olfativos, somestésicos, etc.), que despiertan el interés sexual, pero también por estímulos táctiles directos de los órganos sexuales y demás zonas eróticas. Esta alerta provoca que ciertas partes de los genitales externos de ambos sexos se ingurgiten y se hinchen con sangre; en la mujer son los labios de la vulva y el clítoris, en el hombre el pene. Estos genitales externos contienen una gran densidad de mecanorreceptores sensibles al tacto, sobre todo en el clítoris y en el glande del pene. Su estimulación provoca un reflejo espinal perteneciente al sistema nervioso autónomo. Estos reflejos están, como todos los demás, controlados desde el cerebro. Por eso la imaginación puede también provocarlos. Desde la médula espinal parten fibras nerviosas del sistema parasimpático que terminan en los tejidos eréctiles de los órganos sexuales. Allí se liberan sustancias como la acetilcolina, el polipéptido intestinal vasoactivo (*vasointestinal polipeptide*, VIP, en inglés) y óxido nítrico como transmisores que provocan la relajación de los músculos lisos de las arterias, por lo que éstas se llenan de sangre distendiendo los órganos. Precisamente a través de un aumento de los efectos del óxido nítrico es como funciona la moderna droga Viagra.

El acto sexual se realiza en humanos con la intromisión del pene masculino en la vagina femenina para que en el orgasmo el pene descargue el semen que contiene los espermatozoides en la vagina. Para terminar el acto sexual es necesaria la intervención de la división simpática del sistema nervioso autónomo. Precisamente las fibras eferentes simpáticas son las que desencadenan el proceso de emisión del semen en el hombre. Contracciones musculares mueven el esperma, que se mezcla con sustancias de glándulas internas formando así el semen. Finalmente, las contracciones musculares coordinadas expulsan el semen coincidiendo con la sensación intensa de orgasmo. La experiencia del orgasmo en la mujer es mucho más variable en frecuencia e intensidad que en el hombre.

Dos sexos en uno

El hermafroditismo está considerado como una forma de reproducción más primitiva que la unisexualidad, ya que se da en animales más antiguos desde el punto de vista evolutivo. Sin embargo, luego veremos que el ser humano en estado fetal es indiferenciado, con la capacidad de convertirse, dependiendo de las hormonas que circulan en el feto, tanto en hombre como en mujer. Algo así ya barruntaron las culturas llamadas primitivas, en cuyas mitologías los seres supremos creadores del mundo eran casi por regla general bisexuados o andróginos. Por poner sólo dos ejemplos, el dios Hapi, por ejemplo, personificación del río Nilo en Egipto, era hermafrodita, como el dios iranio del tiempo ilimitado, Zerván, que da origen a Ormuz y Arimán. También Platón en *El Banquete*, en boca de Aristófanes, habla de un ser andrógino como origen de la humanidad para explicar la atracción entre los sexos. Curiosamente, hablamos de hormonas masculinas y femeninas, los andrógenos y los estrógenos, pero ambas hormonas son segregadas tanto por los hombres como por las mujeres. Desde el punto de vista químico, son esteroides y derivan ambas de un precursor común: el colesterol.

El hermafroditismo es un término de origen griego. *Hermafrodita* proviene del dios Hermes y de la diosa Afrodita, quienes un día se sintieron fuertemente atraídos. La diosa tuvo luego un hijo y, sintiéndose culpable de adulterio, abandonó a su hijo al cuidado de las ninfas en el monte Ida. Cuando tenía quince años, Hermafrodito, como le llamaron, se dispuso a recorrer el mundo. Era un joven bellísimo, pero bastante tímido. Un buen día de verano y agobiado por el calor, se desnudó y se zambulló en un lago. El espíritu del lago, la ninfa Sálmacis, al ver al bello joven, se desnudó también e hizo todo lo posible por conquistarlo, pero el joven la rechazó. Furiosa, Sálmacis suplicó a los dioses que los uniesen a ambos y que nunca pudiesen separarlos. Así lo hicieron, y desde entonces, Hermafrodito reúne ambos sexos en un solo cuerpo.

Entre los animales que son hermafroditas se encuentran los caracoles, las babosas, las sanguijuelas, las lombrices de tierra y muchos otros invertebrados que producen gametos masculinos y femeninos al mismo tiempo. Entre los vertebrados se encuentran muchos peces, que pueden cambiar de sexo cuando las condiciones del entorno son apropiadas, lo cual indica que poseen ambos sexos y que el sexo determinado depende de las circunstancias medioambientales.

En algunas especies, cada individuo produce tanto esperma como óvulos, es decir, posee ambos sexos y el acto sexual consiste en donar esperma a la pareja, aceptando también esperma a cambio. Estos individuos que poseen ambos sexos se llaman hermafroditas *simultáneos*. La ventaja radica en que un individuo siempre tiene asegurada una pareja sexualmente apropiada cuando encuentra un miembro de la misma especie. Esto reporta beneficios cuando la densidad de población es baja, como ocurre en algunas especies de peces de aguas profundas, o cuando el animal está aislado de los demás miembros de su especie, como la tenia solitaria en el intestino de un huésped. En la babosa de mar (*Aplysia*), un individuo interpreta el papel de macho mientras que el otro asume el papel de hembra, aunque también pueden invertirse los papeles.

Hay otro tipo de hermafroditismo llamado *sucesivo*, en donde el individuo cambia de un sexo al otro en algún momento de su vida. Esto tiene la ventaja de que el animal puede sacar los beneficios de ser hembra en un determinado momento y macho en otro. Es lo que los astutos griegos atribuían a Tiresias, profeta ciego que había adquirido su ceguera de la siguiente manera: estando en el bosque, encontró a dos serpientes que se apareaban; golpeó a una con su bastón y él se transformó en mujer; posteriormente volvió a pasar por un lugar donde había dos serpientes de nuevo copulando y golpeó a una de ellas, por lo que se convirtió de nuevo en hombre. Por haber experimentado durante siete años un sexo diferente, fue consultado por Zeus y Hera sobre quién experimentaba más placer en el acto sexual, si el hombre o la mujer. Zeus decía que la mujer y Hera, que el hombre. Tiresias le dio la razón a Zeus, por lo que Hera, irritada, lo dejó ciego. Para compensarlo, Zeus le dio el don de la profecía.

El hermafroditismo sucesivo se da, por ejemplo, en los peces papagayo, donde el macho dominante vive con un harén de hembras. Los machos pequeños no atraen a ninguna hembra, por lo que su estrategia es, cuando son jóvenes, ser hembra y más tarde, cuando crecen y se hacen relativamente grandes, volver a ser machos.

¿Con o sin sexo?

Quizá la mayor ventaja de la reproducción asexual sea su eficiencia. El animal que así se reproduce no emplea ni tiempo ni energía en buscar una pareja, cortejarla y copular con ella. Tampoco emplean energía en producir gametos. Los animales asexuales pueden pasar el 100 por ciento de sus genes a la descendencia, en vez del 50 por ciento en animales sexuales, lo que significa que aquéllos sólo necesitan generar la mitad de la descendencia para obtener los beneficios de la adaptación. También disfrutan la ventaja de no estar expuestos a los predadores durante la reproducción, sobre todo si, como por ejemplo las polillas, son mucho más activas durante la noche, cuando los murciélagos pueden hacer presa en ellas.

La reproducción asexual conlleva que la especie puede extenderse mucho más rápidamente que con la reproducción sexual. En la reproducción asexual, común en algunas bacterias y plantas pero también en insectos y reptiles, cada individuo puede reproducirse, por lo que la población puede aumentar con más rapidez. Como cada nuevo organismo es una copia exacta del anterior, el entorno es importante, ya que un organismo adulto tiene que haber sido lo suficientemente sano para reproducirse. En mamíferos se ha realizado este proceso de manera artificial, clonando algunos animales, como la célebre oveja *Dolly*. Ahora bien, si se produce un cambio, una mutación, que es fatal para los padres, lo será también para los descendientes, ya que los genes deficitarios pasarían a todas las generaciones venideras. Por el contrario, en la reproducción sexual, como el resultado es una mezcla aleatoria de información genética, algunas crías pueden ser iguales o peor que sus padres, pero también es posible que sean más fuertes y robustas que ellos.

La reproducción asexual es satisfactoria si el entorno permanece constante, pero si, por ejemplo, se produce un cambio en la temperatura, falta de pronto agua o el suministro de alimentos escasea, si este cambio es mortal para los padres, también lo será para su descendencia porque son el mismo individuo desde el punto de vista genético. Lo mismo ocurre si se produce una mutación genética que no es favorable para esa especie: los genes degradados pasarían a todas las generaciones futuras.

Por el contrario, en la reproducción sexual se mezcla la información genética, generándose una población muy diversa. Gracias a la mezcla aleatoria de genes, algunas crías pueden ser más débiles que sus padres, pero también puede darse lo contrario, que sean más fuertes. Por otro lado, un gen defectuoso en un padre puede que no represente ningún problema para los hijos siempre que el cónyuge tenga un gen sano que sea capaz de prevalecer. Además, la gran variabilidad como resultado de la reproducción sexual permite adaptaciones a entornos ecológicos que cambian de una generación a la siguiente.

Otra desventaja de la reproducción asexual son los parásitos, los que, una vez anclados en el organismo y especializados en su explotación, se transmitirán a todos los descendientes. Lo mismo puede decirse de enfermedades infecciosas que se pueden extender más completamente mientras más iguales sean los genomas de los miembros del grupo. Por eso, la producción de genomas diversos es una especie de protección contra la muerte de todo el grupo por gérmenes patógenos. Con otras palabras: la individualidad no protege al individuo de estos males, pero sí al grupo.

Un ejemplo que corrobora lo dicho anteriormente lo ofrece un caracol de Kenia. En condiciones normales, es hermafrodita, es decir, autosuficiente para la reproducción. Eso sí, cuando se ve amenazado por un parásito en forma de gusano minúsculo —que se multiplica en la época de las lluvias—, se convierte en sexuado, porque la mezcla de los genes hace que la generación siguiente esté mejor preparada para resistir a este parásito. La conclusión que se ha sacado de esta observación es que el objetivo biológico del sexo es, precisamente, la flexibilidad genética.

Lo mismo puede decirse de los genes que tal vez son letales, pero que son «reparados», «corregidos», gracias a que se presentan sólo en un alelo (cada una de las características que puede tener un gen de un carácter determinado) y su carácter letal no puede expresarse. A lo largo de las generaciones se pueden acumular estos defectos génicos, con lo cual en las copias iguales partenogenéticas, la especie cada vez es más incapaz de vivir y acaba por extinguirse. Así que, aparte de la producción de variabilidad, el efecto más importante de la sexualidad o de la reproducción sexual es la reparación de los déficits genéticos al importar genes de otros individuos.

Por consiguiente, puede decirse que la reproducción sexual, con unos 800 millones de años de antigüedad, ha solucionado problemas importantes: la eliminación de mutaciones nocivas y nefastas para el organismo, la adaptación ecológica y la generación de un sistema inmunológico complejo y variado.

Curiosamente, existen animales que practican ambos métodos de reproducción: la partenogénesis y la reproducción sexual. Los áfidos o pulgones, que son unos insectos pequeños de color verde que suelen infestar los jardines, se reproducen por partenogénesis cuando tienen alimentos suficientes y las condiciones tanto para el crecimiento como para la reproducción son favorables. Pero si las condiciones son adversas, empiezan a reproducirse sexualmente cambiando genes para producir crías más fuertes que puedan migrar a entornos más convenientes. Las abejas, las hormigas y las avispas también utilizan ambos procesos sexuales y asexuales.

En raras ocasiones se ha observado también la partenogénesis en algunas especies de vertebrados, como en pollos y pavos, en lagartos con cola de látigo en el sudoeste de Estados Unidos; en esta especie, todos los individuos son hembras. Un pez común de acuario, el molly del Amazonas, también es sólo hembra y se reproduce por partenogénesis.

Como ejemplo de las ventajas de la reproducción sexual podemos citar una enfermedad llamada fibrosis cística, que es un trastorno genético caracterizado por una anomalía en el transporte de sal, en el que las células producen un moco espeso que atasca los pulmones. Puede resultar en infecciones fatales. El gen responsable se encuentra en el cromosoma 7. Suponiendo que ambos padres sean portadores de ese gen defectuoso, existe un 25 por ciento de probabilidad de que el niño tenga la fibrosis cística. Pero si hereda ese gen de sólo uno de los progenitores, no padecerá la enfermedad. Ésta es la ventaja de la reproducción sexual.

> *La presencia femenina en la educación superior es mayoritaria en todas las ramas excepto en las técnicas, donde no ha llegado a alcanzar el 30%.*

[FUENTE: INSTITUTO NACIONAL DE ESTADÍSTICA]

Una vez desarrollada la reproducción sexual, el tema central de la vida de un individuo es encontrar pareja o parejas. Y dentro de esta dinámica está la elección de pareja, sea por el macho o por la hembra, la competencia entre machos por la dominancia social, el control de los recursos o el control de las propias parejas. Todos son factores que tienen una influencia sobre cuáles machos o cuáles hembras pueden engendrar descendencia. Como hemos visto, cuando la hembra elige, unos machos engendrarán descendencia y otros no. Y en la competencia entre machos, unos pocos engendran la mayoría de la nueva generación, mientras que la mayoría de los machos no dejan descendencia.

Sexo y género

Hay que aclarar que las palabras *sexo* y *género*, que en inglés son prácticamente sinónimas, no lo son en español. El sexo es una categoría biológica y el género, una categoría gramatical. No obstante, en la Conferencia Mundial de Pekín sobre la Mujer se aclaró la diferencia entre estos dos vocablos diciendo que *sexo* describiría las diferencias biológicas entre hombres y mujeres, mientras que *género* se aplicaría para describir el distinto comportamiento de hombres y mujeres en la sociedad según las condiciones de educación, cultura, familia, etc. Aquí, sin embargo, vamos a utilizar las palabras en el sentido tradicional arriba mencionado.

Podemos hablar, además, de distintos tipos de sexo: genético, gonadal, hormonal, genital, de estructuras reproductivas internas accesorias, de asignación y crianza y sexo psicológico o identidad sexual. También de sexo cerebral, del que hablaremos más tarde. Es preciso marcar estas diferencias porque pueden no coincidir, como de hecho sucede en muchos casos. Toda una serie de casos clínicos nos muestra la posibilidad de una incongruencia entre los diferentes tipos de sexo.

El sexo genético (o genotípico) es el que está determinado por los genes, que son las unidades básicas de la información hereditaria contenida en las moléculas de ADN. Es sabido que el ADN está organizado en 46 cromosomas, 23 del padre y 23 de la madre, de los cuales 22 son los llamados autosomas (pares coincidentes) y los dos restantes son cromosomas sexuales, X e Y. Las hembras tienen dos cromosomas X, uno de cada uno de los padres (genotipo XX). Los varones tienen un cromosoma X de la madre y un cromosoma Y del padre (genotipo XY). El sexo del nuevo organismo está, pues, determinado por el padre, que es quien aporta el cromosoma Y diferenciador. Esto no es siempre así en la naturaleza: en algunas especies de pájaros, es la madre la que determina el sexo de las crías.

El cromosoma X es mucho más grande que el cromosoma Y. Se ha estimado que el cromosoma X contiene varios miles de genes, mientras que el cromosoma Y, sólo unos 15. Prácticamente, esto significa que si hay un gen X defectuoso en una hembra, es posible que no se produzcan efectos negativos siempre y cuando el otro gen X sea normal. Pero en un varón, cualquier defecto en el cromosoma X puede resultar en un defecto de desarrollo. Hay muchas enfermedades ligadas al cromosoma X, como la ceguera para los colores rojo-verde, la hemofilia o la distrofia muscular tipo Duchenne. En general, afectan más a varones que a hembras.

El sexo fenotípico se refiere al sexo individual determinado por los genitales internos y externos, o sea, por las características sexuales secundarias, y por la conducta. Mientras que el sexo genotípico se considera como inmutable en gran parte, el sexo fenotípico puede modificarse por procesos evolutivos, tratamiento hormonal y cirugía.

El sexo gonadal se refiere a los órganos productores de células masculinas y femeninas, que son los testículos y los ovarios; en los hermafroditas se denominan ovotestes por estar ambas gónadas presentes. Las células rudimentarias que se van a desarrollar como gónadas no están obligadas a evolucionar en una sola dirección. Durante las primeras seis semanas de gestación, las gónadas se encuentran en un estadio indiferenciado del que se pueden desarrollar tanto ovarios como testículos. Aproximadamente, a las 6 o 7 semanas de gestación, la determinación del sexo de las gónadas es impulsada por un gen localizado en el cromosoma Y, llamado SRY (*sex-determining region* Y, «región determinante del sexo del cromosoma Y»). En presencia de SRY, la gónada, que es bipotencial, se desarrolla como testículo. Si SRY está ausente, se desarrolla un ovario. De nuevo aquí queda claro que el sexo femenino es el sexo por defecto, es decir, que sin ninguna intervención, todos los organismos serían femeninos. Así, los machos que no tienen SRY en el cromosoma Y desarrollan ovarios y parecen fenotípicamente hembras. Si incorporamos artificialmente este gen a un ADN de un ratón XX, el ratón se desarrollará como organismo varón en vez de como hembra. Pero los estrógenos son también importantes para la diferenciación hormonal de los testículos. Se ha visto en ratones XY que no tenían receptores para los estrógenos que los testículos se desarrollaban, pero con una desorganización de la producción de esperma y con degeneración de los túbulos de semen, llegando a la esterilidad.

Los genes pueden afectar la secreción de testosterona. Hay genes tanto en los cromosomas sexuales X e Y, como también en los otros, que tienen una influencia sobre el desarrollo sexual del cerebro y la conducta sexual. En roedores, esto está muy claro y bien confirmado por la experimentación. En humanos existe un síndrome, llamado síndrome de Turner, que pone de manifiesto el papel del cromosoma X en las diferencias de sexo cerebrales y de la conducta humana. El síndrome de Turner es un trastorno genético en el que una chica hereda solamente un cromosoma X en vez de dos, proviniendo el cromosoma X del padre o de la madre, teniendo por tanto el genotipo XO. El síndrome de Klinefelter, en cambio, se caracteriza por la presencia de un cromosoma X adicional, de manera que los sujetos tienen un genotipo XXY. Las características de los individuos afectados por este síndrome son: pene pequeño, testículos pequeños, vello escaso, disfunción sexual, pechos más grandes de lo normal en un varón, piernas largas, pero tronco corto. Estos sujetos no son fértiles y tienen niveles bajos de testosterona.

También existen personas con 47 cromosomas, de los cuales dos son Y, es decir, con genotipo XYY. Muchos de ellos se han encontrado entre reclusos penales y manicomios por ser agresivos y violentos, peligrosos criminales o, simplemente, subnormales.

El sexo genital está marcado en los varones por poseer un pene normal y en las mujeres por poseer una vagina normal. Ya hemos visto que los genitales externos dependen de los cromosomas y de las hormonas que circulan en sangre. Los órganos internos no son órganos bipotenciales como las gónadas, sino que el embrión posee dos series de conductos unipotenciales, los conductos de Wolff y de Müller, que se desarrollan como órganos masculino y femenino, dependiendo de dos hormonas: la testosterona y la hormona inhibidora del conducto de Müller (AMH, *anti-Müller hormone*). Si el feto tiene un cromosoma Y y un gen SRY, se produce testosterona y el conducto de Wolff se desarrolla en un sistema reproductor interno masculino. Al mismo tiempo, la hormona inhibidora del conducto de Müller impide el desarrollo de ese conducto. Si no hay aumento de la testosterona ni cromosoma Y, el conducto de Müller se desarrolla en un sistema reproductor interno femenino y el conducto de Wolff degenera. Con otras palabras: la diferenciación de los sexos comienza ya en el útero materno y muy al comienzo del embarazo.

En los roedores hay dos procesos independientes en el desarrollo del sexo y la conducta masculina. El primero es la llamada masculinización, es decir, la organización de conductas como la monta de la hembra, la inserción del pene, etc. El segundo es la desfeminización, lo que significa que hay que inhibir las conductas femeninas como la lordosis (arqueamiento de la espalda para mostrar los genitales al macho en el acto sexual). Ambos procesos tienen que ocurrir para que se produzca una conducta típicamente masculina, ya que, como es sabido, por defecto el cerebro y la conducta serán femeninos sin estos procesos. La desfeminización depende de la acción de los estrógenos sobre sus receptores en el cerebro y la masculinización de la testosterona.

En cuanto al sexo hormonal, como su propio nombre indica, es el que tiene que ver con las hormonas, sustancias químicas que circulan en la sangre y que regulan procesos fisiológicos. Proceden de las glándulas endocrinas y éstas, dependiendo del sexo, son los ovarios femeninos y los testículos masculinos. Ambos órganos liberan hormonas sexuales y la hipófisis cerebral o glándula pituitaria regula su liberación. Las hormonas sexuales, testosterona y estrógeno, son esteroides, las cuales a su vez son moléculas sintetizadas del colesterol.

Las hormonas sexuales se denominan andrógenos u hormonas masculinas, y estrógenos u hormonas femeninas. Ahora bien, los hombres tienen también hormonas femeninas y las mujeres, hormonas masculinas, todo depende de la cantidad. Las mujeres tienen mayores concentraciones de estrógenos y los hombres, mayores concentraciones de andrógenos.

Las hormonas femeninas más importantes son el estradiol y la progesterona, que son segregadas por los ovarios. Los niveles de estrógenos son bajos durante la niñez, pero aumentan extraordinariamente durante la pubertad, siendo responsables de la maduración del aparato reproductor femenino y del desarrollo de las mamas. En la mujer los niveles hormonales siguen un ciclo regular de 28 días y las concentraciones en sangre son muy variables, mientras que en el hombre las fluctuaciones son rápidas cada día.

Durante el desarrollo, pero incluso a lo largo de toda la vida, el estradiol estimula los dimorfismos sexuales en el cerebro aumentando el tamaño de las células, el volumen de los núcleos cerebrales, la longitud de las dendritas, sus ramificaciones, la densidad de espinas dendríticas, y por tanto de sinapsis entre las neuronas. Como es sabido, las funciones cerebrales dependen del número de conexiones que las neuronas establecen entre sí, por lo que tanto las espinas de las dendritas, donde tienen lugar los contactos entre las células nerviosas, como el número de sinapsis son de extraordinaria importancia para el desarrollo de esas funciones.

La principal hormona masculina es la testosterona, que se libera principalmente en los testículos y es responsable de la mayoría de los efectos masculinizantes. Antes del parto, los niveles altos de testosterona son fundamentales para el desarrollo del sistema reproductor masculino. Posteriormente, en la pubertad, los aumentos de la testosterona son responsables también de las llamadas características sexuales secundarias, como el aumento del vello corporal, el desarrollo muscular, el aumento de los testículos, etc.

En el desarrollo de la testosterona hay tres momentos importantes. El primero es el período prenatal, entre la octava y la vigésima cuarta semana del embarazo. El segundo es aproximadamente unos cinco meses tras el nacimiento. El tercero tiene lugar en la pubertad. Estos períodos se denominan períodos organizadores y activadores, porque parece que el cerebro es durante ellos mucho más sensible a las hormonas sexuales. Por ejemplo, en monos, la monta de la hembra por parte del macho aumenta con la presencia de testosterona al comienzo del embarazo, pero no tiene efecto en los juegos violentos típicos masculinos. Sin embargo, si la testosterona se administra más tarde durante el embarazo, tiene un efecto mínimo en la conducta de la monta, pero aumentan considerablemente los juegos violentos. Esto significa que los mecanismos para la monta y para inducir los típicos juegos violentos del macho se desarrollan en tiempos distintos antes del nacimiento. Lo mismo ocurre con la masculinización y la desfeminización, que también tienen lugar en tiempos distintos.

Doreen Kimura sospecha que las variaciones hormonales antes del nacimiento pueden afectar algunos aspectos de la masculinización conductual, pero no otros, lo que puede ser importante para explicar la homosexualidad humana, donde la identificación del sexo y muchas otras conductas son típicas del propio sexo, pero no así la preferencia por la pareja.

El hecho de que el cerebro sea tan sensible a las hormonas esteroides y que éstas puedan variar sobre todo cuantitativamente en los niveles que circulan en sangre, podría explicar la enorme diversidad de conductas sexuales que se observa en el ser humano.

El estrés, el esfuerzo y la agresividad hacen que aumenten los niveles de testosterona. También lo hacen en anticipación al sexo o incluso sólo pensando en él. Curiosamente, en un estudio realizado en la Universidad Estatal de Georgia en el que se midió la testosterona del público que miraba una competición deportiva, se pudo comprobar que la testosterona aumentaba en un 28 por ciento en los hinchas del equipo ganador y disminuía en un 27 por ciento en los hinchas del equipo que iba perdiendo.

Sexo cerebral

Creo que ya es hora de reconocer que el cerebro no sólo es el órgano maestro del organismo, sino que es la base de todas nuestras conductas, pensamientos, sensaciones, sentimientos, creencias, teorías y decisiones. En el terreno sexual, sabemos que bajo la guía de los genes, el organismo desarrolla las hormonas sexuales que van a ser importantes en la diferenciación sexual del cuerpo, incluido el cerebro. Los órganos que segregan estas hormonas, los ovarios y los testículos, están fuera del sistema nervioso, pero bajo su control, gracias a las hormonas gonadotrópicas.

Dependiendo de las circunstancias arriba mencionadas, determinadas estructuras cerebrales serán más del tipo masculino o del tipo femenino. Y como el cerebro es el que determina la conducta, según sea el cerebro desde el punto de vista sexual, así será la conducta que el individuo manifieste.

Hoy se sabe que los estrógenos no sólo regulan estructuras cerebrales que están en relación con la síntesis de hormonas sexuales, sino que tienen una influencia sobre funciones cognoscitivas como el aprendizaje y la memoria, así como sobre estrategias de comportamiento y solución de problemas. Existen regiones cerebrales que necesitan los estrógenos para su función. Y esto se aplica tanto al hombre como a la mujer, ya que la testosterona se convierte, en el cerebro, en estrógeno.

En el año 2003, 4.328 varones murieron por causas relacionadas con trastornos mentales y del comportamiento frente a las 8.744 mujeres del mismo año.

[FUENTE: INSTITUTO NACIONAL DE ESTADÍSTICA]

Hemos visto que, durante el desarrollo fetal, las hormonas sexuales afectan al tracto reproductivo, pero como son liberadas en la circulación general, afectarán también a aquellas estructuras que posean receptores para ellas. Estos receptores se encuentran no sólo en las neuronas, sino también en las células de la glía, como por ejemplo en la microglía, grupo de células encargadas de la defensa inmunológica, lo que significa que los estrógenos refuerzan las defensas del organismo. Se ha planteado, incluso, que los estrógenos protegen al cerebro, aliviando los efectos de las apoplejías o accidentes cerebro-vasculares.

Entre las estructuras cerebrales con receptores para los estrógenos, se encuentra el hipotálamo. Varios núcleos del área preóptica en el hipotálamo, así como otras regiones de esta estructura, son sexualmente dimórficos, y lo mismo puede decirse del núcleo espinal del músculo bulbocavernoso que se encuentra en la región lumbar de la médula espinal, el músculo que rodea el bulbo del pene o del clítoris, e interviene en la micción, erección y eyaculación. Al nacer, este músculo y el elevador del ano están inervados de manera similar en ambos sexos, pero poco después la inervación se atrofia en las hembras, lo que depende de la testosterona.

Todas estas estructuras cambian de tamaño por la acción de la testosterona y el estradiol. Especialmente este último es más potente en muchos de estos efectos, ya que, gracias a la enzima aromatasa que se encuentra en el hipotálamo, la testosterona es convertida en estradiol.

Dentro del área preóptica del hipotálamo, la región más estudiada en relación con los dimorfismos sexuales es el llamado SDN-POA (*sexually dimorphic nucleus of the preoptic area*, «núcleo sexualmente dimórfico del área preóptica»). Situado en la parte anterior del hipotálamo, este núcleo regula la conducta sexual típicamente masculina o femenina. En las ratas, es de cinco a seis veces más grande en machos que en hembras, y los experimentos realizados nos dicen claramente que su tamaño depende de la exposición perinatal del organismo a las hormonas esteroides.

En el hipotálamo anterior humano, región que

Representación del hipotálamo

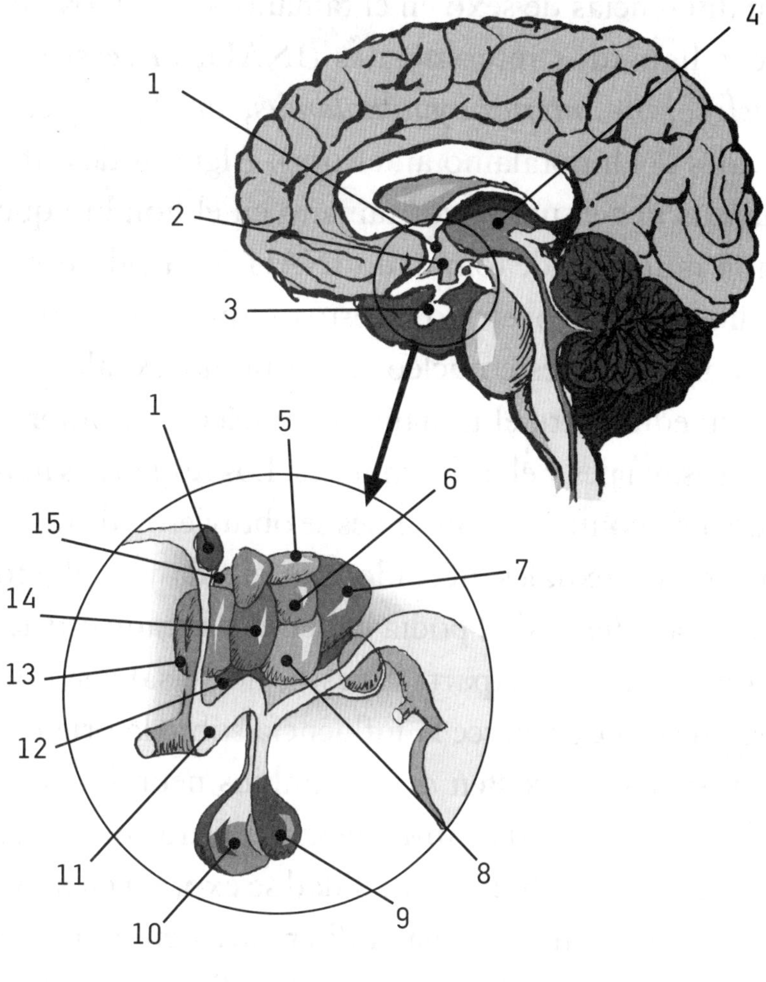

1 Comisura anterior
2 Hipotálamo
3 Pituitaria
4 Tercer ventrículo
5 Hipotálamo dorsal
6 Hipotálamo dorsomedial
7 Hipotálamo posterior
8 Hipotálamo ventromedial
9 Pituitaria posterior
10 Pituitaria anterior
11 Quiasma óptico
12 Núcleo supraquiasmático
13 Área preóptica
14 Hipotálamo anterior
15 Hipotálamo lateral

corresponde al SDN-POA de la rata, también existen diferencias de sexo en el tamaño de algunos núcleos llamados intersticiales (INAH, *insterstitial nuclei of the anterior hypothalamus*, «núcleos intersticiales del hipotálamo anterior»). Algunos de estos núcleos tienen un mayor tamaño en el hombre que en la mujer. El denominado INAH-3 ha sido especialmente controvertido, puesto que algunos autores han dicho que este núcleo en los homosexuales era intermedio entre el tamaño del núcleo en hombres heterosexuales y el de las mujeres. Los resultados han sido muy controvertidos, pues se obtuvieron de hombres homosexuales afectados por el sida y se objetó que esta enfermedad podía haber modificado estructuras cerebrales. Aparte de esto, no se sabe si esta región es la que ejerce la influencia sobre la orientación sexual, o existen otros cambios neurales en el cerebro que puedan influenciarla. Otra dificultad radica en que la homosexualidad se expresa en adultos, y no se sabe si existen diferencias en el núcleo INAH-3 antes de llegar a esa edad. Si se confirman estos datos, significaría que la orientación sexual depende de las hormonas esteroides perinatales.

Otro núcleo cerebral del hipotálamo, el núcleo supraquiasmático, es mayor en hombres homosexuales que en hombres heterosexuales. Este núcleo está relacionado con los ritmos biológicos, con la alternancia día-noche y otros ritmos estacionales, pero aquí también existen dudas sobre el papel que este núcleo pueda jugar en la orientación sexual.

Existe otra estructura hipotalámica que se supone está implicada en la conducta sexual: se trata del núcleo del lecho de la estría terminal, que también es mayor en hombres que en mujeres. Curiosamente, en transexuales, genéticamente hombres, que suelen tener la sensación de que han nacido con el sexo equivocado, este núcleo tiene el mismo tamaño que en mujeres.

De todos estos hechos se ha concluido que pequeñas diferencias en las estructuras cerebrales que están en relación con el sexo pueden generar diferencias significativas tanto en la identidad como en la conducta sexuales, y que estos dimorfismos se establecen probablemente por la temprana influencia de las hormonas que actúan sobre los receptores de estrógenos en el cerebro. Parece probado que los niveles bajos de andrógenos circulantes en un hombre durante una época temprana de la vida pueden llevar a un cerebro relativamente femenino en hombres genotípicos, mientras que los niveles altos de andrógenos circulantes en hembras pueden, a su vez, conducir a un cerebro relativamente masculino en hembras genotípicas.

Sin embargo, otros autores piensan que el sexo cerebral, y con ello la orientación sexual, podría empezar antes de que circulasen las hormonas esteroides por el organismo. Se ha pensado en ello por la existencia de un tipo de pájaro, el pinzón cebra, que puede ser masculino en el lado derecho, con un testículo y plumas brillantes, y femenino en el lado izquierdo, con un ovario y plumas menos llamativas. Los hemisferios cerebrales son, naturalmente, también diferentes, desarrollando el hemisferio derecho los circuitos neurales responsables del canto. Por esta razón, algunos autores piensan que si la orientación sexual dependiese sólo de las hormonas sexuales, no habría diferencia entre los hemisferios y el cuerpo del pájaro en cuestión.

El neurólogo americano Norman Geschwind planteó la hipótesis de que la testosterona que circula en el feto influye sobre la tasa de crecimiento de los dos hemisferios cerebrales. Cuanta más testosterona fluye en la sangre fetal, mayor es el desarrollo del hemisferio derecho y menor el del izquierdo. Esto significaría que los varones tienen mejores habilidades hemisféricas derechas y las hembras, mejores habilidades hemisféricas izquierdas.

Efectivamente, se ha podido demostrar que los bajos niveles de testosterona conducen a mejores niveles en lenguaje, en habilidades comunicativas, contacto ocular y sociabilidad. Por otro lado, analizando los niveles de testosterona en el líquido amniótico de mujeres embarazadas, líquido que se conservó en congeladores, y comparando esos niveles con el comportamiento de los niños ya nacidos, se pudo comprobar que cuanto mayores eran los niveles de testosterona en el líquido amniótico, menor era el contacto ocular de esos niños y más reducido era su vocabulario.

En hombres de edad avanzada y con niveles bajos de testosterona, cuando fueron tratados con testosterona por razones terapéuticas, mejoró su rendimiento en el test de diseño de bloques, un test en el que hay que elegir entre varios bloques cuadrados para formar figuras. Esta prueba requiere habilidades visuoespaciales o geométricas que están más desarrolladas en el hemisferio derecho. Lo mismo ocurrió con el test de rotación mental, en el que se presenta una figura tridimensional y hay que rotarla mentalmente. También este test exige una gran habilidad visuoespacial. La habilidad visuoespacial es la capacidad de orientarse en el espacio exterior guiada por la visión.

Existe un trastorno denominado hipogonadismo hipogonadotrópico idiopático que consiste en que los afectados, varones, tienen testículos muy pequeños. Este trastorno se debe a una deficiencia en la hormona gonadotrópica hipotalámica que regula la producción y liberación de hormonas sexuales. Pues bien, estos chicos son mucho peores en las habilidades visuoespaciales que los individuos normales, indicando así el papel importante que juega la testosterona en estas funciones.

Otro trastorno interesante es el síndrome de insensibilidad a los andrógenos o feminización testicular. Los individuos son varones desde el punto de vista genético y también gonadal, pero a nivel celular no son sensibles a los andrógenos. Es un trastorno ligado al cromosoma X, y los individuos que genéticamente son XY poseen un fenotipo completamente femenino. Cuando nacen, tienen aspecto de hembras, pero cuando llega la pubertad, se detecta el síndrome. Aunque tienen senos normales de mujer, no tienen la menstruación y, desde luego, son peores en las tareas visuoespaciales. Se identifican como mujeres, aunque tengan un cromosoma Y, es decir, su identidad de sexo coincide con el fenotipo sexual, pero no con el genotipo. Se ha dicho que Juana de Arco era uno de estos casos.

La hiperplasia adrenal congénita la sufren niños que tienen niveles altos de andrógenos debido a la superproducción de un andrógeno parecido a la testosterona llamado androstenediona. Una niña genéticamente hembra con este síndrome termina siendo genitalmente varón. También aquí está claro que las habilidades visuoespaciales están más desarrolladas que en los individuos normales.

Diferencias entre el cerebro del hombre y el de la mujer

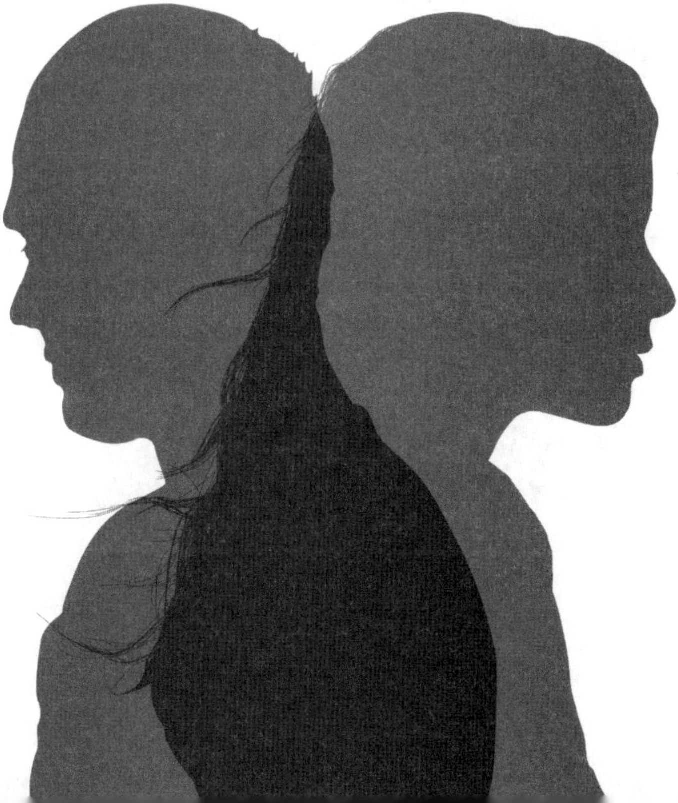

Permítanme, al comienzo de este capítulo, citar a una neurocientífica americana de la Universidad de Pittsburg, Judy L. Cameron:

> Cuando se han buscado diferencias en los cerebros de varones y hembras, se han demostrado claramente en casi todas las especies, tanto por lo que respecta a la organización estructural de muchos núcleos cerebrales y circuitos neurales, como al funcionamiento y respuesta de los sistemas neurales a estímulos internos y externos. Además, muchas de las diferencias de sexo en la estructura y función cerebrales resultan de la exposición distinta de varones y hembras a las hormonas esteroides sexuales (testosterona en varones, estradiol y progesterona en hembras). Las hormonas esteroides sexuales juegan un papel muy pronto en el desarrollo cere-

bral en la *organización* de los circuitos neurales y tienen una función crítica durante la edad adulta en la *activación* de conductas específicas.

Esta larga cita resume espléndidamente el estado actual de las investigaciones sobre este tema tan controvertido. Viniendo, además, de una mujer, lo considero aún más valioso, porque demuestra que no se trata de cerrar los ojos ante evidencias experimentales para justificar postulados ideológicos, sino de conocer lo que hoy se sabe al respecto y, de esta manera, poder enfrentarse con conocimientos sólidos a la realidad.

Diferencias anatómicas

Ya en 1880 se encontró que, al pesar los dos hemisferios en el hombre y en la mujer, había una diferencia mayor entre el hemisferio derecho y el izquierdo en el hombre que en la mujer. Con otras palabras, los hemisferios derecho e izquierdo en la mujer eran más simétricos que los del hombre.

Siempre me ha parecido una auténtica curiosidad que hasta 1968 no se encontrasen en el cerebro diferencias anatómicas estructurales entre los dos hemisferios cerebrales. Ese año, dos investigadores norteamericanos, N. Geschwind y W. Levitsky, encuentran diferencias en relación con el lenguaje en ambos hemisferios. En la parte superior del lóbulo temporal hay una región llamada *planum temporale* que está en relación con las funciones auditivas en seres humanos. Esta región constituye una gran parte de la llamada área de Wernicke o área sensorial del lenguaje. Estos autores, estudiando preparaciones de cerebros humanos, vieron que en el 65 por ciento de los casos el área superficial del *planum temporale* en el hemisferio izquierdo era mayor que en el dere-

Partes del cerebro

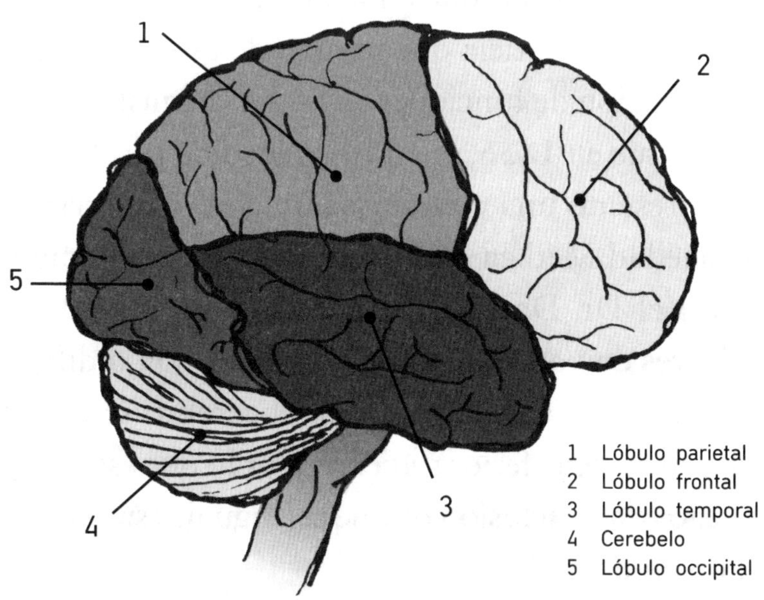

cho. Pero no un poco mayor, sino varias veces mayor, lo que no explica que hasta esa fecha no se hubiese descubierto lo que ya era conocido desde mitad del siglo XIX, a saber, que en la mayoría de las personas el lenguaje estaba localizado en el hemisferio izquierdo, que por esa razón pasó a llamarse hemisferio dominante.

En un 10 por ciento de los casos se observaba una asimetría inversa, siendo mayor en el hemisferio derecho, y en el resto de las preparaciones esas áreas eran simétricas. Esta asimetría se encontraba incluso en fetos (a partir de la trigésima primera semana de gestación). En mujeres adultas, se encontró un predominio más frecuente del *planum temporale* en el hemisferio derecho que en los hombres.

La primera noticia que se tuvo de que existía una lateralización de funciones en ambos hemisferios del cerebro fue en 1836, cuando un médico rural, Marc Dax, presentó una comunicación en el Congreso de la Sociedad Médica de Montpellier. En esa comunicación el Dr. Dax hablaba de que en más de 40 pacientes con afasia (es decir, con pérdida o dificultades de lenguaje), la lesión en el cerebro se encontraba en el hemisferio izquierdo, por lo que este médico llegó a la conclusión de que el lenguaje estaba localizado en dicho hemisferio.

Poco después, en 1864, el cirujano francés Paul Broca descubrió el área cerebral que lleva su nombre y que es responsable de la parte motora del lenguaje, localizada en el lóbulo frontal y, en la mayoría de las personas, en el hemisferio izquierdo. Broca también notó la asimetría cerebral con respecto al lenguaje y con respecto al uso de la mano derecha en la mayoría de los humanos. Cuatro años más tarde, el neurólogo inglés Hughlings Jackson le dio al hemisferio izquierdo el nombre de hemisferio líder, que luego pasaría a denominarse hemisferio dominante por poseer el lenguaje, un término que aún se conserva.

Ya en los años treinta del siglo XX, un neurocirujano canadiense, Wilder Penfield, estimuló, utilizando electrodos colocados directamente sobre la corteza cerebral, varias áreas del cerebro en operaciones quirúrgicas a cráneo abierto en pacientes despiertos. Es frecuente en estas operaciones abrir el cráneo con anestesia local para luego trabajar en el cerebro, que es un órgano que no posee receptores para el dolor, por lo que no se molesta al enfermo. De hecho, se puede dialogar con él mientras se realizan las operaciones. Esto permitía preguntar al paciente lo que sentía cada vez que se estimulaba una región de la corteza cerebral. Efectivamente, la estimulación eléctrica de las regiones que se ocupan del lenguaje interfiere en su normal funcionamiento. Si se estimula el área de Broca, se produce en el paciente lo que se llama un paro afásico, es decir, que el paciente deja de hablar si lo estaba haciendo y no puede hablar durante el tiempo que dura la estimulación.

Diferencias en el cuerpo calloso

Dado que el cuerpo calloso, una estructura cerebral compuesta por 200 millones de fibras, une un hemisferio con el otro, era lógico pensar que aquí también podrían encontrarse diferencias entre los cerebros masculino y femenino.

Se ha estudiado el área de sección cruzada del cuerpo calloso en cerebros post mórtem, pero también en cerebros vivos con la ayuda de resonancia magnética. Aunque algunos estudios encontraron que el cuerpo calloso de los varones tenía, por término medio, un área de sección cruzada mayor que la de las hembras, los cerebros de los varones eran ligeramente mayores que los de las hembras, por lo que cuando se tenía en cuenta el tamaño global, los dimorfismos disminuían. Algunos autores han dicho que la parte posterior del cuerpo calloso, llamada *splenium* (rodete), es selectivamente mayor en mujeres que en hombres. Además, en un trabajo reciente con resonancia magnética en personas de la misma edad, no se encontraron diferencias relacionadas con el sexo en el tamaño del cuerpo calloso, pero sí que el rodete del cuerpo calloso era más abultado en las mujeres. Esto hablaría en favor de la hipótesis de que la conexión entre ambos hemisferios es mayor en mujeres que en hombres, o, dicho de otra manera, que la lateralización de funciones es más acentuada en hombres que en mujeres.

Otra de las comisuras que unen los dos hemisferios cerebrales es la comisura anterior. En este haz de fibras se encontró que era un 12 por ciento aproximadamente más grande en mujeres y hombres homosexuales que en hombres heterosexuales. La comisura anterior une regiones del sistema límbico de ambos hemisferios, por lo que, de nuevo, parece que las conexiones entre ambos hemisferios son más numerosas en mujeres que en hombres en lo que respecta a la emocionalidad y la afectividad.

Otro dato que diferencia el cerebro del hombre del de la mujer es el peso. Según datos de los años setenta del siglo pasado, el peso medio del cerebro del hombre es de 1.442 gramos y la altura corporal, de 172,8 cm, mientras que en la mujer estas medidas son 1.284 gramos y 162,8 cm. Existe una correlación entre la altura corporal y el peso cerebral en humanos, siendo el peso del cerebro en la mujer unos 160 gramos menos que el peso del cerebro del hombre.

Cuando se estudió el tálamo (una serie de núcleos con diferentes funciones que ocupan el centro del cerebro), se encontró que la llamada *massa intermedia* (o sea, una estructura que une los núcleos del lado izquierdo con los del lado derecho) está más desarrollada en la mujer que en el hombre. Otra comisura, o estructura de unión entre los hemisferios, la comisura anterior, que conecta sobre todo las áreas temporales de la corteza, se encontró que era más grande en un 76 por ciento aproximadamente en el cerebro femenino que en el masculino. Lo que corrobora la mayor conectividad entre ambos hemisferios en la mujer que en el hombre.

También se ha observado que el cerebelo, un órgano con una enorme cantidad de células, al parecer dedicadas al control de la postura, el equilibrio y la organización de los movimientos, así como el puente o protuberancia, son más grandes en el hombre que en la mujer.

En términos generales, puede decirse que los cerebros femeninos son más simétricos que los masculi-

Representación del cuerpo calloso

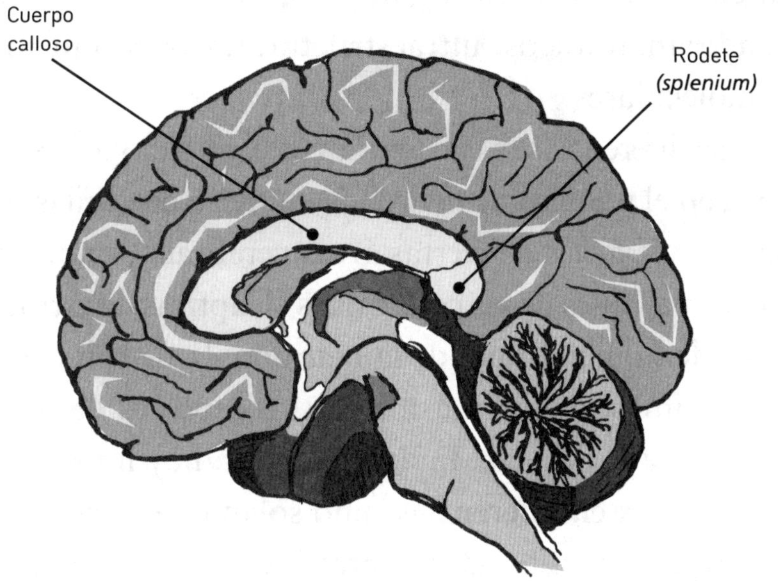

nos, tanto por la estructura de los dos hemisferios, como por el grado de desarrollo de las comisuras cerebrales.

Los núcleos del hipotálamo

Ya desde 1971 se encontró un dimorfismo convincente en el área preóptica del hipotálamo de las ratas. Pero desde entonces se han publicado innumerables trabajos sobre dimorfismos sexuales que afectan al sistema nervioso de especies tanto de vertebrados como de invertebrados. Además, estas diferencias se encuentran a distintos niveles, como los niveles macroanatómicos, ultraestructurales, bioquímicos y moleculares.

Las diferencias se encuentran en el tamaño del cerebro, en el número de neuronas, número de células de la glía y axones en ciertas áreas cerebrales; también en los patrones de las conexiones sinápticas, la estructura de la membrana de la neurona, la distribución de enzimas, neurotransmisores, receptores de hormonas sexuales, etc. En una palabra: hoy no se discute si existen diferencias, sino solamente hasta qué punto las diferencias encontradas afectan o no a la conducta de ambos sexos.

En este sentido hay un tema que habría que aclarar de una vez por todas. Se trata de la discusión sobre si los fenómenos que se estudian se deben a la herencia o al medio ambiente, la célebre dicotomía naturaleza o crianza (en inglés, *nature vs. nurture*). Por varias razones este planteamiento no tiene mucho sentido. Cuando se plantearon las diferencias de sexo en el cerebro, se pensó que se podrían producir por dos mecanismos: o estaban genéticamente programadas, sin influencias del entorno, o se debían a factores epigenéticos (factores que actúan en el curso del desarrollo), como las hormonas o el medio ambiente. Ahora bien, la dependencia de las hormonas puede estar determinada genéticamente y los fenotipos pueden ser influenciados por el entorno físico y social. Por tanto, la discusión entre herencia o medio ambiente no tiene sentido. Además, para que los genes se expresen, se necesita un entorno apropiado, como ocurre con el lenguaje. En otras palabras: no puede haber ninguna explicación que excluya completamente las influencias genéticas o medioambientales.

En los vertebrados, la mayoría de las áreas cerebrales que son sexualmente dimórficas no presentan diferencias entre los sexos en el desarrollo temprano. Durante el desarrollo los factores hormonales, sobre todo las hormonas gonadales, son las que inducen la diferenciación de las áreas dimórficas.

En 2004 se produjeron 2.519 defunciones de varones por causa de la enfermedad de Alzheimer frente a las 5.494 defunciones de mujeres por la misma causa.

[FUENTE: INSTITUTO NACIONAL DE ESTADÍSTICA]

Donde parece más claro el dimorfismo sexual es en ciertos núcleos que forman parte del hipotálamo anterior, que están situados alrededor del tercer ventrículo en el área preóptica, y que tienen un papel importante en las conductas relacionadas con la reproducción. La lesión de estas regiones en la rata tiene como consecuencia una interrupción del ciclo estrogénico en las hembras y una reducción del número de copulaciones en los machos.

En los años setenta del siglo pasado, y con ayuda del microscopio electrónico, se pudo observar que existía una diferencia entre los sexos respecto al tamaño del área preóptica del hipotálamo. Más tarde se descubrió en la rata un núcleo sexualmente dimórfico que fue denominado núcleo sexualmente dimórfico del área preóptica (en inglés SDN-POA, *sexually dimorphic nucleus of the preoptic area*). Este núcleo era de cinco a ocho veces mayor y contenía más neuronas en machos que en hembras.

El área preóptica de humanos también presenta dimorfismos. Hay cuatro grupos de neuronas que se denominan núcleos intersticiales del hipotálamo anterior (*interstitial nuclei of the anterior hypothalamus*, INAH). El núcleo INAH-1 parece ser el mismo que el mencionado anteriormente en la rata como SDN-POA, aunque no hay acuerdo de si este núcleo es dimórfico o no. Sin embargo, los núcleos INAH-2 e INAH-3 son dos veces más grandes en el hombre que en la mujer, y supuestamente están implicados en la conducta sexual; al menos, así es en el mono Rhesus.

Receptores cerebrales para las hormonas sexuales

En los años ochenta del siglo pasado se fueron acumulando pruebas de la existencia de un dimorfismo sexual anatómico en el cerebro, pudiéndose comprobar que determinados circuitos neuronales estaban determinados por las hormonas sexuales.

Efectivamente, las hormonas que proceden de las gónadas actúan sobre los tejidos cerebrales que poseen receptores para ellas. La testosterona es la hormona que provoca la masculinización del cerebro del hombre. Una vez en el citoplasma de la neurona, la testosterona se convierte en estradiol gracias a una enzima llamada aromatasa. Se suele hablar de los efectos organizativos de la hormona porque organiza los tejidos para que generen funciones masculinas cuando se alcanza la madurez sexual. También se habla de efectos activadores de la hormona cuando ésta activa cambios en regiones cerebrales que son esenciales, por ejemplo, para el canto de los pájaros en primavera.

Por tanto, son las hormonas las que determinan las características sexuales del sistema nervioso, lo que explica que puede haber machos genéticos (genotipo XY) con cerebro femenino y hembras genéticas (genotipo XX) con cerebro masculino.

Algunos humanos que son machos genéticos pueden tener algún defecto en un gen receptor de andrógenos que hace que su organismo sea insensible a estas hormonas. Eso significa en la práctica que el cerebro no puede producir receptores para estas hormonas masculinas y, como consecuencia, estas personas desarrollan testículos normales que producen testosterona, pero su apariencia es femenina porque los tejidos no pueden responder a los andrógenos por falta de receptores. Tienen vagina, clítoris y labios, y cuando llega la pubertad desarrollan pechos y una forma femenina del cuerpo, aunque no menstrúan. El comportamiento es femenino y prefieren llamarse mujeres, se visten como tales y eligen hombres como parejas sexuales.

Habilidades de cada sexo

En la conducta de los seres humanos, la variación individual más importante es la que está relacionada con el sexo: hombres y mujeres se comportan de forma diferente, y este comportamiento afecta también a la conducta cognoscitiva, por lo que se ha pensado que puede atribuirse a diferencias biológicas entre los dos sexos. Efectivamente, se han comprobado estas diferencias cognoscitivas con numerosos test, y se ha pensado que su origen bien puede estar en las diferencias de la organización cerebral.

No hace mucho tiempo, estaba de moda decir que las diferencias entre los sexos se debían fundamentalmente a las experiencias que se tenían antes y después de la adolescencia. Pero se ha avanzado mucho últimamente en el estudio de estas diferencias de sexo o dimorfismo sexual. Hoy puede decirse con autoridad y rigor que el dimorfismo sexual es un hecho; que viene determinado por la organización del cerebro ya en el feto y poco después del nacimiento; y que de estas diferencias son responsables las hormonas gonadales. En muchas especies, los dimorfismos físicos son menores antes de la pubertad que después de ella. En los varones o machos, el desarrollo de las características sexuales secundarias es costoso en el sentido de que la testosterona produce una supresión de las funciones inmunológicas con un mayor riesgo de infecciones; y animales con características sexuales secundarias muy llamativas que utilizan para el cortejo de la hembra corren el riesgo de llamar la atención de los predadores. Probablemente por ello, el desarrollo de estas características secundarias tenga lugar cuando el organismo es ya maduro y pueda afrentar los retos sociales conductuales y físicos necesarios que requiere la competencia entre individuos del mismo sexo.

Las diferencias físicas son típicas, como la anchura de las caderas y de la pelvis en las chicas o la anchura de los hombros en los chicos. La musculatura, el corazón, los pulmones, la presión arterial, la aportación de oxígeno por la sangre, etc., son diferentes en los dos sexos, siendo el sexo masculino más apropiado para la lucha, la caza y la manipulación de objetos pesados, desarrollos probablemente debidos a la división de trabajo en épocas remotas de la evolución humana. Es muy probable también que de ahí derive la capacidad superior del varón para arrojar objetos con precisión, el mayor umbral para el dolor físico y la coordinación visuomotora. El retraso en la maduración del varón respecto a la maduración de la mujer tiene consecuencias, como, por ejemplo, el mayor riesgo de infecciones debido a la tendencia de las hormonas masculinas a rebajar las funciones inmunológicas que ya hemos mencionado. También son diferentes las funciones endocrinas, como la secreción de gonadotropina, de somatostatina, de la hormona de crecimiento o de la respuesta del eje adrenal ante el estrés. Todo ello puede depender de un desarrollo morfológico diferencial del sistema nervioso central, pero también de diferencias relacionadas con el sexo en uno o más de los sistemas de neurotransmisores, como la adrenalina, la noradrenalina, la dopamina y la serotonina, y neuropéptidos como la sustancia P, la colecistoquinina y el polipéptido intestinal vasoactivo.

Todo el mundo reconoce que la agresividad suele ser mayor en el sexo masculino, lo que se manifiesta ya tempranamente en los juegos que los niños pequeños prefieren, así como la propia agresividad manifestada en la adolescencia. En monos Rhesus se ha señalado claramente la relación entre la agresividad y los andrógenos tanto prenatales como posnatales.

Pero no es sólo la agresividad y su relación con la hormona masculina, sino también determinadas aptitudes, como la capacidad verbal o la visuoespacial, las que diferencian claramente al varón de la hembra humanos. Ciertamente arrastramos costumbres inveteradas en nuestra cultura sobre los comportamientos de los dos sexos que pueden influenciar también la conducta, pero es mucho más difícil experimentar sobre este tema, aparte de que la probable influencia cultural no invalida la posibilidad de que nuestras conductas, gobernadas por el cerebro, sean diferentes por una organización cerebral también diferente.

Lo primero que llama la atención es el hecho de que por defecto seríamos todos hembras. Efectivamente, la ausencia de hormonas masculinizantes hace que el organismo se desarrolle con estructuras genitales, cerebro y conducta femeninos. Esto se ha demostrado una y otra vez en animales y se deduce también en humanos cuando por razones patológicas faltan las hormonas masculinas. Como dice Doreen Kimura, la orientación sexual y la identidad de sexo tienen un componente biológico significativo.

Aparte de las zonas cerebrales que están asociadas a la reproducción, otras regiones, como el hipocampo, el estriado, el cerebelo, la amígdala y la corteza cerebral, muestran diferencias de un sexo al otro. Todas estas estructuras estarían en relación con las capacidades para resolver problemas espaciales, capacidades lingüísticas, la agresión, las conductas defensivas, la actividad motora y diferentes aspectos del aprendizaje y de la memoria.

En 2004 nacieron en España 15.160 varones más que mujeres.

[Fuente: Instituto Nacional de Estadística]

Se puede simplificar diciendo que, por regla general, el hombre puntúa mejor en tareas que implican la capacidad visuoespacial, la memoria espacial, la rotación mental de imágenes, el lanzamiento de objetos a una diana, la agresividad, la resolución de problemas matemáticos, mientras que la mujer puntúa mejor en fluidez verbal, tareas motoras finas, en la localización de objetos en una serie de ellos, en cálculo, en sensibilidad, en la percepción de niveles bajos de estimulación en todos los sentidos salvo la visión.

En relación con la reproducción, dos regiones cerebrales son diana de las hormonas esteroides sexuales: el área preóptica y el hipotálamo ventromedial, que poseen la mayor concentración de receptores de estrógenos de todo el cerebro. La región ventromedial del hipotálamo está en relación con conductas femeninas de la reproducción, como la maternal. Eso significa que es un área sexualmente dimórfica y más grande en varones que en hembras, pero determinados núcleos son más grandes en las hembras que en los varones. Los receptores de estrógeno también están localizados en otras estructuras que tienen relación con el hipotálamo, sobre todo estructuras pertenecientes al sistema límbico.

Para la acción de las hormonas esteroides sobre el cerebro existen períodos «críticos» en los que estas acciones tienen un máximo efecto. En los roedores, por ejemplo, la organización de las regiones cerebrales sexualmente dimórficas tiene lugar en los diez primeros días de vida. En primates, la diferenciación del cerebro ocurre antes del nacimiento, a mediados de la gestación y durante un largo período de tiempo.

Las hormonas esteroides tienen efectos múltiples sobre el sistema nervioso, y estos efectos incluyen neurogénesis, migración celular, crecimiento del soma neuronal, crecimiento de las dendritas, diferenciación de la formación de sinapsis, eliminación de sinapsis, atrofia neuronal y apoptosis (uno de los tipos principales de muerte celular programada), expresión de neuropéptidos, expresión de receptores de neurotransmisores y excitabilidad neuronal. Los efectos organizadores de las hormonas esteroides son irreversibles, mientras que los efectos activadores son transitorios y requeridos para la conducta del individuo.

Encontramos regiones sexualmente dimórficas en especies diferentes a los mamíferos, sobre todo en aquellas regiones cerebrales que controlan el canto de pájaros machos o el croar de los sapos. En estas especies, los machos cantan o croan, pero las hembras no. Sobre todo en canarios y pinzones cebra, se han estudiado las regiones cerebrales que son sexualmente dimórficas y responsables de esas funciones. Como era de esperar, estas regiones son tanto organizadas como activadas por la acción de la testosterona que es convertida en estrógeno por la enzima aromatasa. Curiosamente, si las hembras que no cantan son tratadas con andrógenos en la edad adulta, se observa un crecimiento de dendritas en esas regiones y puede producirse el canto.

El área preóptica medial del hipotálamo está en relación con la regulación de conductas sexuales. En monos Rhesus se ha visto que las neuronas de estas regiones descargan durante la actividad sexual. Hay una región en esta área que es de 2,5 a 5 veces más grande en hembras que en varones de rata; se la ha designado con el nombre de núcleo sexualmente dimórfico del área preóptica medial (SDN-POA). Este dimorfismo se ha encontrado en una gran variedad de especies, incluida la humana.

Especialización de los dos hemisferios cerebrales

Como es sabido, los hemisferios cerebrales no son idénticos por lo que respecta a su estructura y función. La organización del lenguaje ocupa más regiones en el hemisferio izquierdo en la inmensa mayoría de los individuos, por lo que a ese hemisferio se le ha llamado hemisferio dominante. El hemisferio derecho es, sin embargo, dominante en otras funciones como son las funciones visuoespaciales. Al ocupar el lenguaje regiones que están encargadas de funciones visuoespaciales del hemisferio izquierdo, éstas no están tan desarrolladas. La visuoespacialidad se puede definir como la orientación en el espacio exterior guiada por la visión.

Los primeros hallazgos de dimorfismo sexual en la lateralización de funciones cerebrales se hicieron en pacientes con lesiones de uno u otro hemisferio. Los hombres que sufrían lobectomía del área temporal del hemisferio izquierdo tenían dificultades en realizar test verbales, mientras que defectos similares en el hemisferio derecho generaban dificultades en la realización de test no verbales. Estas diferencias no se observaron en mujeres. La afasia, o dificultad de comunicación por lenguaje, escritura o signos, resultado generalmente de lesiones del hemisferio izquierdo, es varias veces más frecuente en hombres que en mujeres, mientras que tras una lesión del hemisferio derecho, la incidencia en hombres y mujeres es más o menos la misma. Hoy se da por sentado que el dimorfismo sexual en funciones verbales se puede considerar un hecho.

En pacientes con lesiones cerebrales pudo constatarse lo siguiente: que existe una diferencia relacionada con el sexo en los efectos o consecuencias de la apoplejía del hemisferio izquierdo y derecho; que la afasia es más común en hombres que en mujeres; y que hay un mayor grado de asimetría funcional en los hombres diestros que en las mujeres diestras.

Estos resultados se han interpretado como que en el hombre existe una asimetría funcional más pronunciada que en las mujeres. Lo que esto significa no está claro, pero parece que existe una diferencia de la organización cerebral en cada hemisferio que difiere de un sexo a otro. Esto explicaría que las estrategias para conseguir un rendimiento parecido difieren en las que siguen el hombre y la mujer. En cualquier caso, lesiones iguales unilaterales tienen efectos diferentes según se trate de un hombre y una mujer, lo que subraya el hecho de que la organización estructural de ambos cerebros es diferente, aunque no se sepa cómo difieren y lo que eso significa. Pero parece claro que el cerebro de la mujer es más simétrico por lo que respecta a sus funciones que el cerebro del hombre, que estaría más lateralizado. También se ha argumentado que dentro incluso de un mismo hemisferio existen diferencias entre un sexo y otro por lo que respecta a su organización. Estas diferencias podrían estar en relación con diferentes estrategias cognoscitivas para la solución de problemas en el hombre y en la mujer.

Habilidades visuoespaciales

En cuanto a la realización de tareas visuoespaciales por parte de individuos normales, los hombres suelen ser mejores que las mujeres. En los test de memorización y detección de formas, en la rotación mental de figuras de dos o tres dimensiones, en geometría, en el aprendizaje de laberintos, en la lectura de mapas, en apuntar y seguir objetos, en conocimientos geográficos, etc., los hombres rinden, en término medio, mejor que las mujeres. En test, por ejemplo, donde se le muestra al individuo un frasco inclinado y tienen que dibujar el nivel que en ese frasco debe tener el agua, los hombres puntúan mejor que las mujeres. En el cálculo de ángulos, en el dibujo de líneas verticales u horizontales sin tener en cuenta el entorno, etc., los hombres suelen ser mejores. Aquí puede aducirse que la división de trabajo en las sociedades de hominినos (se denomina homininos a una subfamilia de los homínidos que incluye sólo a los humanos (*Homo*), a los chimpancés (*Pan*) y a sus antecesores ya extinguidos) ejercería más presión selectiva sobre los hombres para el desarrollo de estas habilidades, que le servían para reconocer una escena desde diferentes ángulos o para orientarse en el espacio exterior rotando mentalmente la escena. Hay que señalar que estas diferencias en los test de rotación mental se encuentran también en otras culturas, como en África o en Asia. Curiosamente, sólo los inuit, esquimales de América del Norte, Groenlandia y Siberia, son una excepción, ya que no se han encontrado en ellos diferencias de sexo en relación con las habilidades espaciales, quizá explicables por la historia de su pueblo y de su monótono entorno.

Algunos autores han sugerido que la superioridad masculina en algunas tareas con laberintos está relacionada con la historia evolutiva de la especie, pues los hombres tenían que recorrer largas distancias para encontrar a hembras receptivas. Estos autores suponen que la naturaleza poligínica del hombre primitivo puede explicar su superioridad en la orientación espacial. En cualquier caso, algunas especies de los campañoles, ratones de huerto, pradera o campo, que son poligínicas, muestran diferencias entre los sexos por lo que respecta al aprendizaje espacial; empero, en especies monógamas no existen esas diferencias, ya que no deambulan buscando hembras.

La capacidad espacial está en relación con las hormonas masculinas. En el síndrome de insensibilidad a los andrógenos, los hombres que parecen chicas coinciden también, desde el punto de vista de la especialidad, con las habilidades femeninas. En el hipogonadismo hipogonadotrófico idiopático, con deficiencias en las hormonas gonadotrópicas hipotalámicas que regulan la producción y liberación de hormonas sexuales, los individuos tienen niveles muy bajos de testosterona y genitales pequeños. Su capacidad espacial es mucho peor que la de varones normales. Por el contrario, en la hiperplasia adrenal congénita, donde existe una superproducción de andrógenos por las glándulas adrenales, sobre todo de androstendiona, un andrógeno parecido a la testosterona, la habilidad espacial de las chicas afectadas por esta enfermedad es superior a lo normal.

En mujeres normales, los niveles hormonales cambian con el ciclo menstrual, de manera que hay un pico preovulatorio de estrógenos y luego, tras la ovulación, un aumento tanto de estrógenos como de progesterona antes de la siguiente menstruación. Cuando se prueba en mujeres la fluidez verbal, por ejemplo, se ha comprobado que cuando están en las fases de niveles altos de estrógenos, el rendimiento es superior, lo mismo que en las tareas de motricidad fina. Cuando los niveles de estrógenos son bajos, las mujeres rinden mejor en las tareas espaciales.

En España viven actualmente unos 9.000 transexuales.

En tareas de rotación mental, los babuinos machos son también mejores que las hembras, lo cual nos hace pensar de nuevo que esas capacidades espaciales son mucho más antiguas que la presencia del hombre sobre la tierra y que, probablemente, estén en relación con una división de trabajo que encontramos también en otros mamíferos.

Pero no todas las habilidades espaciales son mejores en el hombre que en la mujer. En la memoria espacial, por ejemplo, la mujer supera al hombre. En el juego de memoria en el que hay que recordar dónde se encuentran pares de figuras coincidentes, la mujer es superior al hombre, y si se le presentan diversos objetos y se cambia alguno de lugar, la mujer suele, por término medio, ser más hábil en la detección de los cambios que el hombre. Incluso en ratas se pudo observar que los machos en determinados laberintos se orientaban por señales geométricas, mientras que las hembras lo hacían siguiendo lugares conocidos. También en el juego de encontrar figuras escondidas en ciertos dibujos, las mujeres suelen superar a los hombres. Se intentó ver si el entrenamiento podía igualar las diferencias entre los sexos y se entrenaron tanto hombres como mujeres con el resultado de que ambos mejoraban su puntuación con la experiencia, pero las diferencias permanecieron constantes.

Aptitud para las matemáticas

En habilidades matemáticas, los chicos suelen mejorar más rápidamente que las chicas en su aprendizaje. Y en el ajedrez y en la composición musical, se ha demostrado también una superioridad masculina. Se ha atribuido esta ventaja a la superioridad espacial del hombre, y a que ambas aptitudes requieran precisamente esa cualidad. En el caso del ajedrez, está claro que la visuoespacialidad tiene que ser importante; en la música se ha descrito que tiene una estructura espacial. Se puede sugerir que los factores culturales y medioambientales pueden haber tenido una influencia sobre esta diferencia de capacidades, el único problema es que es muy difícil probar que así ha sido. En cualquier caso, existe una enorme variabilidad intrasexual que hace que todos estos temas tengan que ir acompañados siempre de la coletilla «por término medio».

La diferencia en la aptitud para las matemáticas es una de las más antiguas que se conocen. Se ha encontrado también en diversas culturas. Mas no en todas las tareas matemáticas superan los chicos a las chicas: por ejemplo, en el cálculo son mejores las chicas, y los chicos lo son en la solución de problemas.

Percepción

Las mujeres suelen ser más rápidas en la percepción y memoria visual. En general, las mujeres suelen ser por término medio más sensibles en todos los órganos de los sentidos, excepto en la visión. Se ha podido observar en las mujeres una mayor sensibilidad para los gustos y para los olores, sensibilidad que varía dependiendo de los niveles de hormonas circulantes durante la menstruación y el embarazo. Como estas diferencias no aparecen antes de la pubertad, se ha concluido que dependen de los diferentes niveles hormonales de hombres y mujeres. También en la audición y en el tacto son las mujeres más sensibles que los hombres.

Dijimos que, excepto en la visión, las mujeres superaban a los hombres en los demás sentidos. En el reconocimiento de caras familiares, en la expresión facial o en el tono de voz, facultades que dependen probablemente del hemisferio derecho del cerebro y de sus mejores conexiones con el sistema límbico, las mujeres superan a los hombres, quizá porque para las madres es fundamental entender la expresión facial de sus bebés.

El lenguaje

En individuos normales se pudo constatar que las chicas tenían mayor habilidad verbal que los chicos. Aproximadamente a la edad de once años los dos sexos comienzan a divergir, mostrándose una superioridad femenina en estas capacidades, que aumenta en el bachillerato y probablemente más allá. En test que implican lenguaje receptivo y productivo, y en tareas verbales llamadas de alto nivel, como analogías, comprensión de material escrito difícil, escritura creativa, así como en tareas llamadas de bajo nivel, como fluidez verbal, las chicas puntúan más alto que los chicos. Por ejemplo, en test donde en determinadas frases faltan todas las letras de alguna palabra menos la primera, y hay que rellenar las letras que faltan para que la frase tenga sentido, las mujeres suelen ser mucho mejores que los hombres. Las chicas, cuando comienzan a hablar, lo hacen antes que los chicos. Articulan no sólo más pronto, sino mejor que los chicos, tienen mejor vocabulario, hablan con mayor corrección gramatical y son más fluidas en pruebas que requieren la generación de palabras.

Tan pronto como a los seis meses de edad, las niñas ya muestran más actividad eléctrica en el hemisferio izquierdo que en el derecho cuando escuchan los sonidos lingüísticos. Al parecer, respecto al lenguaje el hombre tiene las funciones lingüísticas más lateralizadas, en el hemisferio izquierdo, mientras que las mujeres tienen el lenguaje más bilateralizado. Esto explicaría por qué después de un derrame cerebral en el hemisferio izquierdo, las mujeres desarrollan menos afasia que los hombres.

El test de Wada consiste en la inyección en la arteria carótida de un lado de un anestésico (amobarbital sódico), que duerme un hemisferio solamente. Con este test se han estudiado las funciones que están más o menos lateralizadas en un hemisferio determinado. También se ha utilizado profusamente la audición dicótica, consistente en suministrar dos informaciones distintas a los dos oídos para así poder lateralizar al hemisferio contralateral la información que se da a un oído, ya que la inmensa mayoría de las fibras cruzan al lado contrario. Otro método de lateralizar la información es la visión taquistoscópica (proyección rápida de imágenes a una pantalla mientras el individuo fija un punto en el centro del campo visual para impedir los movimientos oculares), que permite que la información visual se traslade sólo al hemisferio contralateral. Así se ha podido observar que, en la mujer, la fluidez verbal disminuye, no importa cuál de los hemisferios se anestesie, mientras que en el hombre esta disminución de la fluidez verbal se da sólo cuando se anestesia el hemisferio dominante, generalmente el izquierdo.

La superioridad femenina que se puede mostrar en los test de lenguaje es tanto receptiva como productiva, y asimismo en tareas más complejas como establecer analogías y en la escritura creativa. Esta diferencia no es muy grande, y existe un solapamiento entre el grupo femenino y el masculino. Pero es consistente.

La diferenciación en las capacidades visuoespaciales, que, como es sabido, están más desarrolladas en el hemisferio derecho y el sexo masculino, se deben probablemente a su lateralización del lenguaje. La capacidad visuoespacial ocupa regiones del lóbulo témporo-parietal derecho que normalmente están empleadas en el lenguaje en el hemisferio izquierdo, de manera que esta lateralización más pronunciada en el hemisferio izquierdo en el hombre hace que el lóbulo parietal derecho esté plenamente ocupado con las habilidades visuoespaciales, mientras que en la mujer, la mayor bilateralización del lenguaje ocupa zonas del hemisferio derecho que se encargan de la capacidad visuoespacial, por lo que esta capacidad está disminuida.

Por esta razón se puede explicar el hecho de que los niños son mejores que las niñas en identificar objetos con su mano izquierda (controlada por el hemisferio derecho) sin ayuda de la visión. Las niñas, como era de esperar tras lo dicho respecto a la lateralización de funciones, son igual de buenas con ambas manos.

Las emociones

La mayor amplitud de algunas partes del cuerpo calloso y de la comisura anterior en el sexo femenino ha servido para explicar una mayor capacidad de la mujer para juzgar las emociones de los demás, ya que especialmente la comisura anterior une —al parecer— regiones del sistema límbico. Aunque la amígdala tiene como función principal dar significado emocional a los estímulos que le llegan, también está implicada en el juicio de las emociones ajenas, lo que explica que se hayan encontrado diferencias en la amígdala de los dos sexos. Utilizando la resonancia magnética funcional, se ha podido observar que niños que miraban fotografías de caras terroríficas mostraban un patrón de activación de la amígdala distinto al de las niñas.

Estudios realizados con técnicas de imagen cerebral demuestran que el hipocampo es más grande en mujeres que en hombres. Dentro del hipocampo se han observado diferencias sexodependientes en los sistemas de neurotransmisores, tales como adrenalina, serotonina, acetilcolina, corticosterona, benzodiazepinas y colecistoquinina. Además, los estrógenos pueden alterar la excitabilidad de las células del hipocampo, la formación de sus dendritas y las uniones con receptores NMDA (receptores de glutamato, un neurotransmisor muy extendido en el sistema nervioso; estos receptores están en relación con el aprendizaje y la memoria). También se han detectado diferencias de sexo respecto al fenómeno de la potenciación a largo plazo, que está relacionado con la memoria.

El núcleo medial de la amígdala es un núcleo sexualmente dimórfico, lo cual es lógico por su papel en la conducta reproductora. La amígdala es mayor de tamaño en hombres que en mujeres. Se ha observado con técnicas de imagen que la actividad de la amígdala del hemisferio derecho está más relacionada significativamente con las experiencias emocionales y su almacenamiento en hombres que en mujeres, y lo contrario es válido para la amígdala del hemisferio izquierdo.

> *Unas 40.000 personas en España padecen distrofia muscular de Duchenne, la patología neuromuscular infantil más frecuente.*

Si se utilizan expresiones faciales cargadas de emoción, presentando esas caras a los sujetos de experimentación, se ha observado que la amígdala izquierda está más activa en respuesta a caras felices en mujeres que en hombres, y lo contrario era válido para la amígdala derecha. Mujeres con el síndrome de Turner mostraron una respuesta reducida de la amígdala del hemisferio izquierdo a material emocional. Como vimos en el apartado «Sexo y género», las mujeres con el síndrome de Turner tienen un solo cromosoma X (genotipo XO). Los síntomas más comunes son la baja estatura, la falta de desarrollo de los ovarios y la infertilidad.

El movimiento

Cuando se estudiaron las habilidades motoras en ambos sexos, se pudo constatar que existe una diferencia entre hombres y mujeres adultos por lo que respecta a la habilidad en arrojar objetos con precisión, como en el juego de dardos, siendo los hombres más diestros en esta tarea. Es de suponer que esta capacidad se desarrolló más en los hombres, debido a sus antepasados cazadores que necesitaban ser precisos en arrojar piedras, flechas o lanzas para cazar sus presas. Es probable que esta habilidad vaya más allá del hombre, ya que se ha podido observar también un dimorfismo sexual por lo que respecta a esta capacidad en chimpancés, donde los machos son más exactos cuando arrojan objetos en alcanzar la diana. Algunos autores han encontrado que en hombres homosexuales esta capacidad era significativamente menos pronunciada que en hombres heterosexuales, y no mejor que en mujeres.

Si se trata, sin embargo, de movimientos finos de los dedos, las mujeres superan a los hombres en esta habilidad. En tareas donde hay que introducir clavijas en los agujeros de una tabla, las mujeres son más hábiles que los hombres. En otro tipo de tareas, donde hay que controlar la musculatura distal, como la de los dedos, las mujeres siempre superan a los hombres, como por ejemplo en secuencia de movimientos de los dedos. Quizá pueda decirse que mientras que los hombres controlan mejor la musculatura axial, o sea, la que está más cerca del tronco, como la que hay que utilizar para lanzar objetos, las mujeres controlan mejor la musculatura distal. En estas tareas motoras las diferencias entre niños y niñas ya pueden constatarse a la edad de tres años.

El flujo sanguíneo cerebral

Algunos investigadores han medido el flujo sanguíneo cerebral, que revela la actividad subyacente de las regiones cerebrales implicadas, durante tareas cognoscitivas. Se encontró que las discrepancias en el flujo sanguíneo cerebral estaban relacionadas con el sexo, así como con la predominancia del uso de una mano u otra. Así, por ejemplo, se encontró que mujeres y zurdos mostraban un mayor ritmo de flujo sanguíneo y un mayor porcentaje de tejido perfundido que en los hombres diestros. En todos los grupos de individuos estudiados pudo constatarse un aumento del flujo sanguíneo cerebral en el hemisferio izquierdo en tareas verbales, y un aumento del flujo sanguíneo en el hemisferio derecho durante tareas visuoespaciales, como era de esperar. Ahora bien, en este último caso, los aumentos fueron más fiables en mujeres y hombres zurdos que en hombres diestros.

De nuevo las hormonas

Las hormonas sexuales tienen una influencia sobre los procesos de aprendizaje y memoria, interaccionando para ello con las hormonas del estrés. En mujeres, el estadio del ciclo menstrual influye en el rendimiento en tareas verbales y espaciales. Tanto en humanos como en roedores los niveles altos de estrógeno en hembras están asociados a un rendimiento más pobre en tareas de aprendizaje espacial. Las observaciones en roedores muestran que los machos recorren un gran territorio en búsqueda de parejas potenciales o defendiendo precisamente su territorio contra competidores o predadores. Sin embargo, las hembras permanecen en un espacio más reducido, cuidando sus crías y también defendiendo el nido. Quizá esto explique por qué los machos de estos animales arrojan una mejor puntuación en test espaciales que las hembras. Se ha comprobado que el hipocampo de estos machos, que está en relación con la memoria espacial, es mayor en ellos que en las hembras.

Cuando hay respuestas parecidas en ambos sexos, no quiere decir que los cerebros de varones y hembras utilicen las mismas estructuras para la respuesta, como muestran las técnicas de imagen que revelan que una misma respuesta activa diferentes regiones cerebrales en el hombre y en la mujer. Por esa razón, los estudios que utilizan el coeficiente intelectual como baremo para las diferencias de sexo tendrían que tener siempre en cuenta que se pueden alcanzar puntuaciones similares utilizando estrategias de pensamiento distintas. O, con otras palabras, que dependiendo de la tarea que el test requiera, habrá diferencias entre un sexo y otro.

La corteza prefrontal (CPF) es muy rica en receptores de estrógeno. Se han observado diferencias sexodependientes en la memoria operativa, que es una de las funciones de esta región de la corteza cerebral. La memoria operativa es aquella memoria de corta duración que nos permite mantener una determinada información hasta que podamos responder a un estímulo; por ejemplo, la que nos permite mantener un número unos minutos hasta que podemos marcarlo en el teléfono. Lesiones de la CPF del hemisferio derecho deterioran la función de toma de decisiones en el hombre, pero no en la mujer. La toma de decisiones es también una función que se localiza en esta región de la corteza cerebral.

La preferencia por la mano izquierda y los casos de preferencia mixta por ambas manos se observaron más frecuentemente en hombres adultos que en mujeres.

Simon Baron-Cohen plantea que las mujeres se diferencian de los hombres por un mayor grado de empatía con los demás. El cerebro de la mujer estaría cableado más para la empatía, mientras que el cerebro masculino lo estaría para sistemas de construcción, es decir, para analizar, explorar y construir un sistema. Para la empatía es necesario disponer de un cierto grado de apego que se expresa en los sentimientos y afectos, o sea, una capacidad para interaccionar con personas. De ahí vendría la superioridad en lenguaje de la mujer, su mayor sociabilidad y capacidad comunicativa. Sin embargo, la mayor capacidad espacial, que caracteriza al hombre, estaría en relación con su mayor capacidad de sistematización. Por eso en matemáticas, física e ingeniería, el número de hombres es muy superior al de mujeres. Se ha podido comprobar que la testosterona y la capacidad en un test de construcción de figuras mediante bloques están relacionadas. Así que la mayor capacidad geométrica del hombre, que está en relación con el espacio exterior, estaría determinada por las hormonas.

Como ya hemos mencionado, en test donde hay que rotar figuras geométricas mentalmente, los hombres mostraron siempre un mayor rendimiento. Pero, curiosamente, este rendimiento en la mujer dependía de las distintas fases del ciclo menstrual. Durante la menstruación, cuando las hormonas están en su punto más bajo, los resultados del test eran parecidos a los obtenidos en el hombre, pero cuando los estrógenos aumentaban al final del ciclo, el resultado empeoraba, mejorando, sin embargo, los resultados en los test de reconocimientos de palabras.

En algunos animales, como las ratas, se ha comprobado también que ciertas capacidades cognoscitivas dependen de los niveles hormonales en sangre. Por ejemplo, colocados machos y hembras de dicha especie en un entorno que no conocen, las hembras exploran el terreno con mucha más curiosidad que los machos, pero sólo si los niveles de estrógeno son bajos, cuando se encuentran predispuestas para la concepción. Con niveles altos, las hembras se comportan de manera parecida a los machos. Este hecho se ha interpretado como si tuviese un sentido evolutivo, porque las hembras que están preparadas para la concepción necesitan un aumento del sentido de la exploración para que las probabilidades de encontrar pareja también aumenten.

Algunos autores concluyen que entre tantos estudios controvertidos sobre la diferenciación entre hombre y mujer en relación con la capacidad cognoscitiva, se puede decir que las diferencias en funciones verbales y visuoespaciales, así como las encontradas en las capacidades matemáticas y en la agresión, están probadas. Estas diferencias vendrían dadas no sólo por la influencia de las hormonas, sino también por las diferencias en la maduración del cerebro, de manera que las personas que maduran antes tendrían mayor facilidad en las capacidades verbales, con un lenguaje menos lateralizado, lo que ocurre normalmente con las mujeres, y los que maduran más tarde, como los hombres, superarían al otro sexo en capacidades espaciales y con un lenguaje más lateralizado.

Un tema estudiado con modernas técnicas de imagen es si los hombres y las mujeres difieren en la estrategia que utilizan para resolver problemas. Parece que, efectivamente, así es. Por ejemplo, si las mujeres tienen que salir de un laberinto virtual, las regiones cerebrales que se activan utilizando esas técnicas son áreas parietales y frontales derechas, mientras que los hombres activan el hipocampo.

> *El síndrome de Turner se presenta en casi 1 de cada 2.000 bebés que nacen con vida.*

La influencia de los estrógenos sobre aprendizaje y memoria también parece clara. Los animales a los cuales se les han extirpado los ovarios presentan un rendimiento muy inferior a lo normal en tareas de aprendizaje y memoria. Se sabe que estos aprendizajes implican aumento de conexiones entre células del hipocampo; por otro lado, también se sabe que los estrógenos facilitan la formación de nuevas conexiones.

Doreen Kimura, antes mencionada, opina que para entender la conducta humana y las diferencias entre los sexos, hay que tener en cuenta que en la época cazadora-recolectora de la humanidad, los hombres eran responsables de la caza, la actividad carroñera y la defensa del grupo contra predadores y enemigos, mientras que las mujeres recogían alimentos cerca del hogar, se ocupaban de la casa, preparaban la comida y los vestidos, y cuidaban de los niños pequeños. Todas estas especializaciones tienen que haber tenido sobre hombres y mujeres una influencia selectiva que pueda explicar la situación actual. Ahora bien, el ser humano puede cambiar esta situación, siempre y cuando se tenga en cuenta que el cambio de comportamiento no va a modificar una conducta que está causada por diferentes estructuras cerebrales. El interés por la igualdad de sexos no tiene en cuenta que, independientemente de las injusticias sociales que han esclavizado a la mujer indebidamente, los sexos se complementan. Los esfuerzos por la igualdad pueden impedir la manifestación de esas diferencias tanto en un sexo como en el otro, con lo que ambos sexos perderíamos capacidades. Dada la situación actual, es de suponer que sólo una intervención de manipulación genética podría conseguir esa anhelada igualdad. Está por ver si, una vez conseguida, quedaríamos satisfechos con los resultados.

Resumiendo, se han aducido seis explicaciones diferentes para interpretar las diferencias de sexo en las funciones cognoscitivas cerebrales: (1) que la organización de las estructuras cerebrales es diferente no sólo entre los hemisferios, sino también dentro de un mismo hemisferio; (2) que las hormonas tienen un efecto claro sobre la función cerebral; (3) que los genes determinan las diferencias en la estructura y función cerebrales; (4) que el diferente ritmo de maduración del cerebro masculino y femenino es la causa de estas diferencias; (5) que el entorno —es decir, los llamados factores psicosociales— ha producido estas diferencias; y (6), que los dos sexos tienen una estrategia cognoscitiva diferente.

¿Es el hombre más agresivo que la mujer?

Es evidente que la agresividad y la lucha están extendidas por todas las especies animales. Pueden ocurrir en dos contextos diferentes, a saber: como prevención de un peligro, o como competición por recursos. Es evidente que este último contexto sólo se da cuando los recursos son escasos. Se dice que la hiena compite por la carroña de los cadáveres de otros animales porque es escasa, mientras que la vaca no compite por la hierba. Si en condiciones normales los organismos producen más descendencia de la que el entorno puede sostener, entonces los animales luchan por los escasos recursos para alimentar a sus crías.

La competencia entre machos por el acceso a las hembras es una de las fuentes de agresividad en muchas especies, así como lo es la competencia entre hembras por el acceso a los machos. En especies en las que ambos sexos cuidan de las crías, las diferencias de sexo por lo que a la agresividad se refiere son mínimas.

Ésta es, sin duda, una diferencia que nadie puede negar: quien haya tenido hijos sabe perfectamente que la conducta de un niño y de una niña son completamente diferentes por lo que respecta a la agresividad. Los chicos suelen ser más enérgicos y activos, y muestran conductas más agresivas y destructivas que las chicas. Tales diferencias se han podido observar incluso en niños de sólo doce meses de edad, cuando las influencias medioambientales y psicosociales no son tan fuertes como lo serán después.

Puede argumentarse que tradicionalmente al niño se le entregan juguetes que desarrollan la agresividad más que las muñecas de las niñas, y que dicha agresividad, que es tan patente en el varón, se debe a la influencia tradicional que la imagen que tenemos del niño ejerce sobre su conducta. Como hemos dicho antes, estas influencias son posteriores y probablemente jueguen también un papel importante.

La relación entre agresividad y hormona masculina, testosterona, no es una relación simple. El problema radica en que la testosterona es responsable de la agresividad, como algunos ejemplos demuestran. Pero la agresividad aumenta, como hemos dicho, los niveles de testosterona, luego puede ser tanto causa como efecto de la agresividad. En cualquier caso, la testosterona se relaciona con la violencia física y aumenta no sólo desde el comienzo al final de la adolescencia, sino que disminuye en la edad adulta. Aunque las glándulas adrenales y los ovarios producen testosterona, aumentando además su producción durante la adolescencia, los niveles de testosterona al final de la adolescencia muestran una diferencia entre los sexos que llega a ser veinte veces más alta en varones que en hembras.

Es evidente que en este terreno no se puede experimentar con seres humanos, por lo que los datos que tenemos suelen ser obtenidos en roedores. La extrapolación de los resultados a humanos ha de ser tomada con muchas reservas. Hay que tener en cuenta que cuando analizamos la similitud o diferencia conductual o fisiológica entre especies, se puede caer fácilmente en un antropomorfismo, o sea, el riesgo de ver a los animales como si tuviesen cualidades parecidas a las humanas. Otro peligro lo representa el zoomorfismo, o sea, contemplar la conducta humana como una imagen especular de la conducta animal. Para poner un ejemplo, la conducta predatoria de muchas especies animales no es comparable con la caza o la guerra en los seres humanos. En el primer caso se trata de la búsqueda de alimentos para asegurarse la supervivencia, mientras que la caza humana se realiza por puro placer, y no digamos nada de los condicionamientos de las guerras. La conducta predatoria en animales está siempre dirigida a otras especies, mientras que la guerra humana está dirigida contra otros seres humanos.

> *La incidencia del espectro autista es 3-4 veces superior en los hombres que en las mujeres.*

Volviendo a la influencia hormonal sobre la conducta agresiva, sabemos que el entorno hormonal temprano (perinatal, o sea, alrededor del momento del nacimiento) juega un papel importante en la formación del temperamento y su desarrollo antes de que empiecen a jugar las importantes influencias sociales. Cierto es que en muchos estudios animales se ha podido observar la presencia de la testosterona como un requisito a la exhibición de conductas agresivas, pero los resultados de estudios parecidos en primates y en humanos no son tan claros, corroborando lo anteriormente dicho de la dificultad de extrapolar resultados de una especie a otra.

Desde luego, en el ser humano es difícil entender el origen de las diferencias de sexo en la conducta agresiva, puesto que las diferencias no son sólo manifestaciones de los efectos organizadores y activadores de las hormonas, sino también resultado de la interacción del individuo con su entorno en las diversas fases de su desarrollo. Separar unas influencias de otras es prácticamente imposible.

No obstante, sabemos que los efectos organizadores de las hormonas tienen lugar alrededor del momento del nacimiento, y se distinguen de los efectos activadores en que estos últimos son reversibles, repetibles y no se limitan a una fase del desarrollo. En animales diferentes del hombre, las hormonas gonadales androgénicas están implicadas en varios aspectos de la conducta pendenciera y agresiva, incluida la agresión entre los machos. En los roedores, la exposición de las hembras a testosterona prenatal o administrada en la edad adulta produce niveles altos de conductas agresivas.

En el ser humano, estos experimentos no pueden realizarse, pero sí se pueden observar los efectos de las hormonas en el desarrollo del cerebro y la conducta en aquellos individuos que han sido expuestos a influencias hormonales anormales antes o después del nacimiento, debido a trastornos genéticos o porque sus madres estaban sometidas a un tratamiento hormonal. De estos estudios, se concluyó que el desarrollo de la conducta agresiva estaba en parte determinado por andrógenos prenatales. La administración de una hormona sexual sintética con acción androgénica para evitar el riesgo de un aborto posible, la progestina, tuvo como resultado un aumento de la agresividad en niños y niñas nacidos de esas madres.

En ratones, se ha podido mostrar que las diferencias de sexo por lo que respecta a la agresividad pueden ser contrarrestadas de dos maneras: o exponiendo a las hembras a la testosterona, o castrando a los machos después de nacer. En ambos casos se muestra la importancia de la testosterona en los dimorfismos sexuales por lo que respecta a la conducta agresiva. Desde luego, los animales machos castrados antes de la pubertad suelen ser más dóciles, y lo mismo puede decirse de los eunucos humanos.

En humanos, tenemos el ejemplo de la hiperplasia adrenal congénita, ya discutida en otro lugar, que hace que la exposición a altos niveles de andrógenos produzca efectos masculinizantes en las chicas, que son más enérgicas, prefieren jugar con chicos y con juguetes tradicionalmente masculinos, y son consideradas por los demás como marimachos.

En la conducta agresiva, la amígdala juega un gran papel, sobre todo uno de sus núcleos, el núcleo basolateral, que está conectado con regiones posteriores del hipotálamo. La extirpación de la amígdala suele resultar en una disminución de la agresividad en animales de experimentación.

La selección sexual y las diferencias de sexo en la naturaleza

El reino animal está lleno de ejemplos de diferencias entre los sexos por lo que respecta a formas, tamaños, habilidades o comportamientos de los individuos. En muchas especies, los machos suelen montar a la hembra y depositar en ellas su esperma, mientras que las hembras aportan los óvulos y a veces seleccionan al macho y solicitan la cópula. Estas diferencias han llevado a muchos investigadores a pensar que el órgano que controla todas las conductas, el sistema nervioso central, tiene que diferir en relación con el sexo.

Históricamente, las diferencias de sexo, o dimorfismo sexual, que son el resultado de la selección sexual, son de dos tipos. En primer lugar, las diferencias pueden surgir de las preferencias de apareamiento, o sea, si los machos —por ejemplo— quieren copular con hembras que tengan colores brillantes, las hembras desarrollarán colores brillantes.

En segundo lugar, las diferencias pueden resultar de la selección por el éxito del combate entre miembros de un sexo para conseguir el acceso a miembros del otro sexo. Si, por ejemplo, los machos son un recurso limitado, las hembras que luchen por acceder a ellos son las que dejarán descendencia. Lo contrario también se da, es decir, si las hembras son un recurso limitado para los machos, éstos desarrollarán exhibiciones conductuales y ornamentos para atraer a las hembras, o armas y un mayor tamaño corporal para luchar con otros machos. Finalmente, muchas diferencias de sexo se han atribuido a una forma más sutil de combate: la competencia por esperma: cuando las hembras se aparean con varios machos, esos machos pueden desarrollar características que ayuden a ganar la competición fertilizando los huevos.

Una de las razones de la diferencia de los papeles de machos y hembras en el reino animal es, sin duda, el hecho de que los machos producen esperma y las hembras, óvulos. Los espermatozoides o gametos masculinos suelen ser siempre más pequeños que los óvulos o gametos femeninos, pero su número es infinitamente superior. En el ser humano, por ejemplo, una mujer puede tener a lo largo de su vida varios cientos de óvulos, pero el hombre puede con cada eyaculación aportar unos 350 millones de espermatozoides, con lo que podría fertilizar teóricamente a casi todas las mujeres del mundo.

> *En el año 2004 la enfermedad cerebrovascular presentó una tasa de mortalidad de 68 en hombres y 92 en mujeres.*

La contribución de los genes de un macho para la siguiente generación dependerá, por tanto, de con cuántas hembras pueda aparearse. En la hembra, su éxito reproductor depende del número de óvulos que puede fabricar. Los óvulos, al ser mucho más grandes, necesitan muchos más recursos que los gametos masculinos. Además, la hembra necesita más tiempo para el cuidado de las crías. Esto significa que en muchas especies el macho suele estar más dispuesto al apareamiento que la hembra, lo cual incrementa la necesidad de competir con otros rivales por las hembras.

Al ser diferentes los papeles sexuales de ambos sexos, machos y hembras ejercen una influencia recíproca por lo que respecta a las posibilidades de reproducción, generando una forma de selección que se ha llamado sexual. Fue reconocida en primer lugar por Charles Darwin, quien la definió de la siguiente manera: «La ventaja que ciertos individuos tienen sobre otros del mismo sexo y de la misma especie, en la relación exclusiva con la reproducción». Darwin era de la opinión que la selección natural resultaba en la evolución de los rasgos que aumentaban la supervivencia, es decir, que promovían el éxito reproductor de los individuos de la especie. Y formuló la teoría de la selección sexual para explicar la evolución de aquellos rasgos que, aunque disminuían la supervivencia, no obstante, aumentaban el éxito reproductor individual, permitiendo a los individuos adquirir parejas en competición con otros. Pensemos en los adornos tan llamativos y coloreados de algunos machos de pájaros y otros animales. Por un lado, los hacen más visibles para los predadores, disminuyendo así la posibilidad de supervivencia; por otro, les permiten conseguir las mejores hembras y pasar sus genes a la descendencia.

La anorexia nerviosa está vinculada al sexo femenino de manera rotunda: el 90-95% de las personas afectadas son mujeres de entre 12 y 25 años.

Ahora bien, parece que el grado de coloración de algunas características sexuales secundarias en muchos animales, el vigor con el que se realizan las exhibiciones en el cortejo de la pareja, la calidad del sonido en el canto de algunos pájaros, etc., tiene que ver con la salud de sus poseedores, así que la elección por parte del otro sexo tiene sentido en relación con la mayor probabilidad de supervivencia de las crías. Por ejemplo, la relación entre la vistosidad del plumaje y la salud del individuo que lo posee por estar libre de parásitos ha sido demostrada experimentalmente infectando pollitos pequeños de gallina con gusanos parásitos (*Ascaridia galli*), obteniendo como resultado que la cresta típica del gallo fuese más pequeña y con menos colorido. Lo importante fue que los machos no afectados fueron preferidos por las hembras.

La teoría de la evolución por selección natural y la selección sexual

Como es sabido, a mediados del siglo XIX, Charles Darwin y Alfred Russell Wallace formularon la teoría de la evolución por selección natural. Darwin había hecho un viaje a bordo del buque *Beagle* a

América del Sur y las islas Galápagos. El viaje le sirvió para reunir los datos necesarios para confirmar su teoría, de manera que en 1859 apareció su libro *El origen de las especies por medio de la selección natural*. Esta teoría estaba basada en tres observaciones fundamentales: que los individuos que pertenecen a una especie no son iguales; que muchas de las variaciones observadas pueden heredarse; y que no todas las crías sobreviven. En palabras del propio Darwin:

> Debido a la lucha por la vida, cualquier variación, no importa lo ligera que sea ni por qué causa tiene lugar, si es en algún grado beneficioso para un individuo de una especie, en sus relaciones infinitamente complejas con otros seres orgánicos y con la naturaleza exterior, tenderá a la preservación de ese individuo, y generalmente será heredada por su descendencia. La descendencia, también, tendrá, pues, una mayor probabilidad de supervivencia, ya que de los muchos individuos de cualquier especie que nacen periódicamente, sólo un pequeño número puede sobrevivir. A este principio, por el que cada ligera variación, si es útil, se conserva, la he bautizado con el término Selección Natural.

Con todo ello, Darwin concluyó que las variaciones individuales podían afectar a la probabilidad de la supervivencia, de la reproducción y de la transferencia de esas variaciones a la descendencia.

Según el propio Darwin, la idea de la selección natural se le ocurrió de pronto leyendo a Thomas R. Malthus, quien había escrito un libro sobre poblaciones, en el que la tesis principal era que el crecimiento sin trabas de la población humana en un entorno fijo llevaría a la exterminación de la especie debido a la lucha por la existencia. Curiosamente, Darwin le dio la vuelta al argumento y postuló justo lo contrario, que esa lucha por la existencia resultaría en un aumento y una perfección de las especies respecto al entorno por selección adaptativa.

Más tarde, en su libro *El origen del hombre y sobre la selección en relación con el sexo*, Darwin explicaba que los miembros de cada sexo ejercían presiones selectivas sobre los otros, en relación con determinadas características anatómicas y conductuales que favorecían el éxito reproductivo. A esto se le llamó selección sexual.

Para Darwin, esta forma especial de selección, la selección sexual, podría explicar la conducta estrafalaria de muchos animales que, aunque acortan su vida trabajando en construcciones costosas —como los cenadores de los capulineros, reuniendo los adornos, exhibiéndolos a las hembras y compitiendo con otros machos—, los costes podrían compensarse con un éxito reproductor. De esta manera, la teoría de la selección sexual es una especie de subcategoría de la selección natural. La teoría de la selección sexual presta naturalmente atención a las consecuencias selectivas de las interacciones sexuales dentro de una especie. Citando al propio Darwin:

> La selección sexual depende de la ventaja que ciertos individuos tienen sobre otros del mismo sexo y especie, en relación exclusiva con la propagación de la especie; mientras que la selección natural depende del éxito de ambos sexos, en todas las edades, en relación con las condiciones generales de vida. La lucha sexual es de dos tipos; el primero se da entre los individuos del mismo sexo, generalmente los machos, para ahuyentar o matar a sus rivales, permaneciendo las hembras pasivas; en el otro, la lucha es asimismo entre individuos del mismo sexo, para excitar o encantar a los del sexo opuesto, generalmente hembras, que ya no permanecen pasivas, sino seleccionan los compañeros más agradables.

La selección natural y la selección sexual no se excluyen mutuamente. Para Darwin, la selección natural era la fuerza evolutiva principal que tenía una influencia sobre la conducta y la fisiología de las especies, incluidas las diferencias de sexo, mientras que la selección sexual estaba restringida a características que están relacionadas directamente con la elección de pareja y la competencia por ellas.

Respecto a los orígenes evolutivos de la selección sexual, G. C. Williams escribía:

> Se ha observado comúnmente que los machos muestran una mayor disponibilidad para la reproducción que las hembras. Esto es comprensible como consecuencia del mayor sacrificio fisiológico de las hembras para la producción de cada una de las crías supervivientes. El papel fundamental del macho de mamífero termina en la cópula, que implica un gasto despreciable de energía y materiales por su parte, y sólo un lapso momentáneo de atención a temas de preocupación directa para su seguridad y bienestar. La situación es bastante diferente para la hembra, para la que la cópula puede significar un compromiso de carga prolongada, tanto en sentido mecánico como fisiológico, con estrés de atención y de peligros.

La teoría de la selección sexual tiene, pues, dos componentes: uno que surge cuando los miembros de un mismo sexo compiten por sus parejas, o sea, una selección intrasexual; el otro componente tiene lugar cuando los miembros del sexo más melindroso determinan qué miembros del otro sexo van a tener la oportunidad de aparearse con ellos, o sea, una selección intersexual.

La dinámica fundamental de la reproducción sexual y de la selección sexual radica en el llamado éxito reproductivo, que quiere decir el número de crías supervivientes y presentes en la generación siguiente. R. L. Trivers escribe lo siguiente: «El sexo cuya inversión paternal (como padres) es mayor que la del sexo opuesto se convertirá en un recurso limitante para ese sexo. Los individuos del sexo que invierte menos competirán entre ellos para procrear con miembros que invierten más». Esto explicaría el comportamiento tan extendido de competencia entre machos por el acceso a la hembra en los mamíferos y en otros animales.

Las diferencias entre los sexos

Se llama así a la diferenciación entre los sexos que se observa en muchas especies de animales. Un ejemplo realmente llamativo de dimorfismo sexual es el del ya mencionado pájaro capulinero satinado, que construye una especie de cenador o emparrado en un árbol. Luego adorna el cenador con toda clase de objetos brillantes para llamar la atención de la hembra. Los machos suelen estar en la puerta del cenador esperando a la hembra, que viene, inspecciona las distintas cabañas y se introduce en la más llamativa. Allí copula con el macho, con el que ya no tendrá ningún contacto ulterior, pero sí se preocupa de incubar los huevos y criar ella misma las crías. Cuando llega la hembra, el macho, que lleva horas y horas esperando que alguna hembra se acerque, empieza a dar saltos y a emitir una mezcla de alaridos, zumbidos e imitaciones del canto de otros pájaros. A pesar de ello, eso no quiere decir que la hembra se decida a entrar en la cabaña; puede ocurrir —y es lo más frecuente— que ella abandone el terreno sin entrar en el cenador y copular con el macho. La calidad de estos cenadores parece ser un buen indicador de la salud de su constructor, y las hembras son atraídas por aquellos cenadores más simétricos, con mayor densidad de ramas y con la mejor decoración con flores y demás objetos llamativos.

> *La prevalencia de fibromialgia se estima en un 2% y un 5% del total de la población, con mayor incidencia entre las mujeres, constituyendo aproximadamente el 80-90% de las afectadas.*

Lo contrario también lo podemos encontrar en otros animales. En las moscas de tipo *Empididae*, los machos están en su mayoría cazando insectos para traerlos al enjambre como regalo nupcial, para canjearlos por apareamientos. En el enjambre, las hembras se anuncian a sí mismas con alas grandes, con dibujos llamativos o con sacos inflables en sus abdómenes. Aquí es el macho el que elige entre muchas compañeras sexuales que están dispuestas a aparearse con él. ¿No nos recuerda esto algo conocido entre humanos?

No sólo compiten los machos por las hembras

No sólo los machos compiten por acceder a una hembra, también puede ocurrir en ciertas especies lo contrario: que las hembras luchen por acceder a un macho. Aquí los papeles parecen estar cambiados completamente. Por ejemplo, en el sistema de apareamiento del faláropo de cuello rojo (*Phalaropus lobatus*), un ave playera poliándrica (es decir, que la hembra copula con varios machos), ellos aportan la mayoría del cuidado paternal (de ambos padres), especialmente la construcción del nido y la incubación de los huevos. Esto permite que las hembras busquen otras oportunidades de apareamiento, lo que efectivamente hacen. Estas hembras son más grandes que los machos y tienen un plumaje más brillante, luchan con otras hembras para acceder a ellos, y protegen a su pareja frente a competidores una vez apareada. Esta competencia entre hembras es más rara que la competencia entre machos, pero, como vemos, también se da. Por supuesto, en estos casos los machos raramente amenazan o atacan a otros machos.

La selección intrasexual o la competencia por la pareja tiene que suponer una fuerza muy poderosa para el cambio evolutivo. Las luchas de las que se tiene noticia en el reino animal pueden llegar a acabar con la vida de los perdedores. Por ejemplo, el macho de la hormiga *Cardiocondyla* utiliza sus mandíbulas para agujerear la débil cutícula de los machos jóvenes, les corta las antenas o las patas, los decapita o les corta el cuerpo en dos.

En los vertebrados también se conocen combates, generalmente entre los machos, para conseguir aparearse con una hembra. Mas estos combates no suelen ser mortales. Cuando se sabe quién va a ser el ganador, el perdedor huye siempre que puede; eso sí, después de sufrir mordiscos, patadas, choques con cornamentas, forcejeos con las mandíbulas, cabezazos, o golpes en la nuca —como ocurre con las jirafas—. Cuando se observan tales peleas, queda claro que el tamaño puede ser decisivo, como se observa en las focas elefantes con sus dos toneladas de peso; tamaño que suele determinar la dominancia de estos animales sobre sus congéneres. Por consiguiente, tanto el tamaño como la dominancia son factores importantes en la ventaja competitiva que suele traducirse en éxitos de apareamiento. Estas ventajas compensarían el tiempo y la energía que son necesarios para crecer hasta un cierto tamaño y luego mantenerlo. Curiosamente, estas diferencias de tamaño se observan en las especies en las que el macho monopoliza a muchas hembras reproductivas. Si el macho no puede acceder a muchas hembras, entonces el dimorfismo sexual por lo que respecta al tamaño corporal no es tan grande. Sirvan de ejemplo las focas elefantes, en las que el macho puede aparearse con unas cien hembras mucho más pequeñas. La competencia es tal que sólo un 20 por ciento de ellos son padres.

Pero si la especie no es polígama, sino monógama, como ocurre con la foca común (es decir, que el macho y la hembra sólo disponen de una pareja para copular), ambos sexos son más o menos iguales en peso y longitud. En la especie de las focas del norte, los machos dominantes engendran la mayoría de la descendencia, mientras que en primates esta relación no es tan clara. La explicación que se ha dado es que, en algunas especies, el ascenso a la dominancia social depende del apoyo que se tenga por parte de las hembras dominantes y de otros factores. En el mandril, por ejemplo, la relación entre dominancia social y resultados reproductivos es parecida al obtenido en la foca elefante del norte: los machos dominantes y subordinados no difieren en tamaño o edad, pero sí en niveles de testosterona, que afectan la coloración de la cara (hocicos rojos y azules) y órganos sexuales. La inmensa mayoría de las crías es engendrada por machos dominantes, los cuales lo consiguen vigilando e impidiendo el acceso a las hembras de otros machos, sobre todo cuando éstas se encuentran en época receptiva. Entre los primates, los individuos que enferman descienden rápidamente en la escala social y, como es lógico, también disminuye el número de crías que engendran.

En cuanto a la relación entre testosterona y dominancia, no hay acuerdo entre los investigadores, pues a veces la hormona tiene una clara influencia sobre la posición social dominante, pero en otras ocasiones se ha visto que esa posición dominante es la que tiene una influencia sobre los niveles de testosterona. Entre los primates, los babuinos son el ejemplo que corrobora lo anterior, ya que los machos suelen ser mucho más grandes que las hembras y la competencia entre ellos por la dominancia social es feroz. Es lógico pensar que los machos dominantes alcanzan un número superior de copulaciones que los animales sumisos, generalmente más pequeños y más jóvenes. Pero también estos últimos pueden desarrollar estrategias alternativas para conseguir las cópulas: por ejemplo, ofrecerse para proteger las crías de otros machos infanticidas. Se observa que las hembras así protegidas buscan a estos machos cuando entran en el nuevo ciclo estrogénico. Los machos subordinados tienen grandes dificultades de aparearse con las hembras debido a la dominancia de otros machos, pero algunos consiguen introducirse furtivamente en los harenes de éstos y lo intentan.

En aquellas especies de primates donde la hembra

es la que elige al macho, lo suele hacer de varias maneras. O llama a otros machos cuando se ve acosada por uno con el que no quiere aparearse, o lo rechaza agresivamente sin más. Entre los bonobos (chimpancés pigmeos africanos), la hembra suele mirar fijamente al macho con el que desea aparearse, y cuando éste le devuelve la mirada cómplice, entonces la hembra se da la vuelta, eleva sus nalgas y muestra sus genitales. En algunas ocasiones la hembra suele rechazar incluso al vencedor de una lucha competitiva entre machos.

Se ha discutido mucho sobre las causas de la elección del macho por la hembra en primates, que son las especies que más nos interesan por su proximidad evolutiva. No se sabe si ocurre como en las aves, en las que la coloración brillante o cualquier otro ornamento es decisivo. En algunas especies de primates, como los mandriles o los gelada, su coloración suele ser indicador de una buena condición física, o simplemente de dominancia para otros machos. En chimpancés y también en bonobos, los machos suelen compartir alimentos con las hembras receptivas. En algunas especies de primates, la elección de la hembra parece estar relacionada con la protección de ella y de sus crías por parte del macho elegido o, también, en relación con la amenaza de infanticidio y prevención de ataques por otros machos.

También en primates existe la competición entre hembras, y además agresiva. Se tienen noticias donde la agresividad de las hembras supera incluso a la de los machos, aunque, por supuesto, lo contrario también se da. Pero la agresividad masculina suele siempre tener lugar por motivos de apareamiento, mientras que la agresividad femenina está más en relación con la disputa por alimentos, lo que tiene consecuencias importantes para la reproducción.

La depresión afecta a un 7,7% de mujeres en la distribución de enfermedades crónicas autodeclaradas frente a un 2,9% de hombres.

Cuando en primates la elección es por parte del macho, éste suele preferir aquellas hembras que tienen una mayor probabilidad de concebir y criar descendencia. La hembra exhibe su fertilidad gracias a la hinchazón de los órganos sexuales externos y por cambios de su coloración. Curiosamente, en algunas especies los machos prefieren hembras más viejas que han dado a luz a una o más crías en vez de adolescentes que son aún vírgenes. Es probable que la fertilidad manifiesta de estas hembras, el cuidado de las crías y la probabilidad de su supervivencia sean los factores decisivos para esta elección.

Dimorfismo en los homininos

Se denomina homininos a una subfamilia de los homínidos que incluye sólo a los humanos (*Homo*), a los chimpancés (*Pan*) y sus antecesores ya extinguidos.

Hay acuerdo sobre el hecho de que el *Australopithecus afarensis* ya era sexualmente dimórfico, lo que hace suponer que el *Homo habilis* y el *Homo erectus* también lo eran, así como lo es el hombre moderno. Los australopitecos y los machos de la serie *Homo* tenían colmillos más grandes que las hembras, aunque ya en los humanos modernos la diferencia es mínima. Aparte de los colmillos, el australopiteco macho era dos veces más grande que la hembra y junto con el macho de *Homo habilis* era más dimórfico, por lo que respecta al tamaño, que los chimpancés y los bonobos (pero menos que los gorilas). El macho del *Homo erectus* mostraba un dimorfismo parecido al de los hombres modernos.

Variedad de comportamientos sexuales en las distintas especies

En las diversas especies de animales, se puede encontrar todo tipo de comportamientos sexuales como los que también se dan en el hombre moderno. En este último solemos llamar a algunos de tales comportamientos perversiones, como ha ocurrido tradicionalmente con la homosexualidad, sin saber si este comportamiento, por ser práctica de una minoría, debe considerarse normal o no. Afortunadamente, esta visión anticuada está cambiando rápidamente, y mucho más cambiará cuando sepamos más sobre sus causas. En fin, observamos en otros animales unos comportamientos que conocemos a través de la inmensa variedad de conductas humanas. Lo que no debemos hacer es considerarlos desde el punto de vista humano. Sería ridículo aplicar nuestros baremos morales al comportamiento sexual de otros animales que no poseen los grados de albedrío que el hombre moderno tiene.

Travestismo y transexualidad

Si en una especie existen diferencias entre el tamaño de los machos, los más grandes suelen ser los dominantes y los pequeños, los sumisos. Esto plantea problemas graves para éstos si quieren dejar descendencia. Tienen que conseguir una hembra que copule con ellos o, en otros casos, burlar la vigilancia que los machos dominantes ejercen sobre las hembras receptivas para impedirles que consigan la cópula con alguna. Una táctica utilizada por los machos más pequeños que quieren alcanzar la cópula con una hembra es imitar precisamente a la hembra, como hace un tipo de escarabajo en Costa Rica. Colocados encima de un montón de estiércol de mamífero, y una vez atraídas las hembras, en vez de luchar, el macho en inferioridad de condiciones se da la vuelta y presenta su abdomen al macho grande, que le da golpecitos como si se tratase de una hembra. Así van dando vueltas y si el macho que es así cortejado encuentra una hembra, puede que copule con ella bajo los ojos de su competidor.

En una especie de cochinillas marinas que viven dentro de esponjas, los machos que no son dominantes imitan el comportamiento de una hembra para que los machos dominantes los dejen en paz. Con este truco son capaces de aparearse con las hembras. Así, por ejemplo, en el antia de cola de lira, un pez de los arrecifes de coral, los ejemplares son todos hembras, salvo algunos que se transforman en machos. Viven normalmente en grupos mezclados. Si un macho muere, una de las hembras cambia de sexo, produciendo esperma en vez de huevos. El pez anémona (llamado así porque establece una asociación simbiótica con las anémonas) hace justo lo contrario: comienza su vida como macho, apareándose con una hembra más grande y dominante. Si la hembra muere, el macho se convierte en hembra y otro macho ocupa su lugar.

En algunos reptiles, el sexo depende de la temperatura con la que los huevos se desarrollan. Por ejemplo, en los caimanes del Misisipí, en aquellos nidos en la sombra, donde la temperatura es ligeramente inferior y la incubación dura algo más, la proporción de machos es muy alta, comparada con los nidos que están al sol y que producen casi sólo hembras. En lagartos conocidos como *gecko* leopardos, las temperaturas muy altas o muy bajas producen hembras, mientras que temperaturas intermedias dan lugar a machos.

El sexo como mercancía

La oferta de regalos a cambio de sexo es muy común entre varias especies. Los chimpancés, por ejemplo, también utilizan este método ofreciendo trozos de carne o diferentes insectos a la pareja con la que quieren copular. También hay especies de peces en las que los machos ofrecen algo valioso a la hembra, como por ejemplo una bolsa para empollar los huevos, a cambio del apareamiento.

Muchas especies recurren a la oferta de regalos para conseguir relaciones sexuales. Los machos de la mosca escorpión defienden insectos muertos que pueden atraer a las hembras. Otros machos segregan saliva en algunas hojas, y esperan que acudan las hembras a consumirla, pues la consideran una golosina. Cuando estos regalos no surten efecto, algunos machos fuerzan a las hembras a copular con ellos, es decir, recurren a la violación sin más contemplaciones. También estas conductas nos recuerdan las nuestras.

La elección por parte de la hembra

Hemos visto que en otras especies son las hembras las que compiten por un macho. En algunas especies, las hembras son extraordinariamente selectivas en la elección de la pareja, posiblemente porque tienen que emplear mucho tiempo y energía en el cuidado de las crías. En algunas especies de aves, como en la golondrina común, la elección de la pareja por parte de la hembra está determinada por la longitud y simetría de las plumas de la cola del macho, aunque la calidad de su canto también ayude. En una especie de pez espinoso de un lago del estado de Washington, las hembras preferían copular con machos de color rojo, por lo que algunos investigadores experimentaron con ellos pintando unos machos con lápiz de labios rojo y otros —como controles— con pintura de labios transparente. En el laboratorio, las hembras prefirieron siempre a los que tenían pintura roja, por lo que se concluyó que la elección de la hembra podría haber sido responsable de la evolución del color rojo en estos peces.

Alrededor del 2% de adultos y 5% de los niños tartamudean, lo que se traduce aproximadamente en 800.000 personas en España.

En otra especie animal, el pájaro tejedor africano llamado obispo cola de abanico, las hembras son de color mate con colas cortas, mientras que los machos son negros pero con charreteras de alas rojas y colas que miden 50 cm. Un investigador cortó las colas de algunos machos y utilizó las plumas para aumentar la longitud de las colas de otros machos. El resultado fue que las hembras anidaban en los territorios de los machos con las colas alargadas. Se ha especulado mucho sobre las razones de la elección de las hembras de machos con ornamentos extravagantes y la hipótesis más aceptada es que estos machos con esas características sexuales secundarias son más sanos, es decir, libres de parásitos. En efecto, los machos con parásitos no desarrollan esas características.

El problema de los machos no dominantes

Representa, sin duda, una curiosidad el hecho de que en algunas especies, los machos que tienen dificultades en copular con las hembras, sea porque son más pequeños de cuerpo o porque perdieron en la competición con otros machos, se las tienen que idear para poder acceder a la hembra y utilizan frecuentemente diversas tácticas para ello.

Desde luego, una de ellas es el agruparse para vencer en combate al macho dominante. Esto ocurre, por ejemplo, entre los babuinos, dándose a veces el caso de que el macho dominante tiene que abandonar la hembra codiciada por los machos sumisos. Los machos de algunas focas utilizan el agua como subterfugio para aparearse con las hembras, fuera de la vista de los machos dominantes.

Canibalismo y suicidio

El caso más impresionante es el del insecto mantis religiosa y el de algunas arañas, cuyas hembras son mucho más grandes que el macho. El macho se inmola, dejándose canibalizar por su pareja una vez que ha copulado con ella. Existe un tipo de araña de espalda roja, en la que el macho da un salto mortal que lo arroja a las fauces de su pareja, quien lo devora inmediatamente. En estas arañas caníbales, el peso del macho es sólo un 1 o 2 por ciento de la masa total de la hembra. La mantis religiosa o santateresa es un insecto conocido por su comportamiento sexual. Durante la cópula se come la cabeza del macho y luego lo devora por completo, al parecer para conseguir, al igual que la araña llamada viuda negra, las suficientes proteínas para alimentar a sus crías, y también una óptima deposición del semen. Otro ejemplo de canibalismo es el de los renacuajos de algunas ranas venenosas. Se devoran entre sí cuando no hay alimentos para todos. Se calcula que unas treinta especies de insectos practican esta modalidad de canibalismo sexual. Lo contrario, es decir, que la hembra sea devorada por el macho, también se encuentra en algunas especies.

Homosexualidad

En unas 470 especies de animales se han podido detectar comportamientos homosexuales. Gatos, delfines, avestruces, pingüinos, primates, corderos, venados, flamencos, ballenas, murciélagos y un largo etcétera son algunas de ellas. Gaviotas lesbianas que comparten el nido y cuidan las crías juntas, orgías entre los manatíes machos... Se ha argumentado que no es una sexualidad parecida a la humana, sino que corresponden más bien a actitudes agresivas o para despertar celos en la pareja heterosexual. En cualquier caso, es un tema muy discutido, y resulta difícil de entender el sentido evolutivo de este comportamiento tan generalizado. Pero sí es importante subrayar que los animales que muestran estos comportamientos no son tratados con desprecio por sus compañeros heterosexuales.

La importancia del cortejo

Es evidente que los ornamentos que han sido desarrollados por algunos machos durante el cortejo cumplen una determinada función y ésta no es otra que atraer a la hembra o desarrollar armas con las que combatir a los machos rivales; lo cual significa que, en la competencia entre machos, estos atributos se han desarrollado porque la hembra tiende a preferirlos. Si no fuese así, no tendrían ningún sentido. Darwin había ya notado que algunos animales, preferentemente machos, poseían auténticas armas, como la cornamenta de antílopes o venados, que no servían como ornamentos exhibidos durante el cortejo de las hembras, sino como verdaderas armas de combate en la lucha competitiva con otros machos por el acceso a las hembras. Hay especies donde la competencia es entre hembras para conseguir un macho de pareja, pero, comparado con la competencia entre machos, este caso suele ser raro. La competencia tiene lugar entre dos individuos, generalmente, pero puede ocurrir en algunas especies que tenga lugar una competencia entre coaliciones de machos.

Estos resultados plantearon la pregunta de por qué las hembras prefieren a estos machos tan vistosos o con atributos tan exagerados como, por ejemplo, la enorme cornamenta de los alces. Una posibilidad es que los machos que muestran estos atributos sean más sanos o libres de parásitos que los que no, posibilidad que ha encontrado una respuesta positiva en correlaciones realizadas por algunos investigadores.

Darwin suponía que esos rasgos podían apelar al sentido estético de las hembras, lo cual es mucho suponer. Es bastante más plausible pensar que las hembras, de una manera un tanto misteriosa, conocen la existencia de esa correlación entre ornamentos y salud de los machos, y por eso los eligen para procrear crías sanas y libres de parásitos.

Monogamia y poligamia en el reino animal

Podemos encontrar ejemplos para todos los gustos: poliginia entre machos (es decir, que copulan con muchas hembras), o poliandria entre hembras (o sea, que las hembras copulan con muchos machos). Así, por ejemplo, la poliándrica reina de las abejas puede aparearse con más de treinta machos en un solo vuelo nupcial. Por el contrario, los machos en esta especie suelen ser monogámicos a la fuerza, es decir, que una vez copulado con la reina, suelen perder los genitales y no sobrevivir a ello.

La poliginia la practican, entre otros, las jirafas, los ratones de montaña, los orangutanes u otros mamíferos. Generalmente suelen ser copulaciones de una sola vez. El macho suele abandonar luego a la pareja. Pero también es común que se mantenga una especie de harén, como hacen los gorilas y las focas elefantes.

La poligamia sólo es posible si una de las parejas puede emanciparse del cuidado de las crías, ya que sólo así tienen el tiempo y la energía necesarios para dedicarse a los esfuerzos del apareamiento. Generalmente, los recursos de alimentos tienen que estar agrupados, así como también las hembras receptivas. Si ambos factores estuviesen muy distribuidos, la receptividad sexual quedaría limitada a un tiempo muy corto, por lo que en estos casos la monogamia y los cuidados intensivos de las crías son la regla, como ocurre en muchas especies de aves.

Según algunas estadísticas, la dislexia afecta en mayor o menor grado a entre un 10% y un 15% de la población escolar y adulta.

La monogamia es mucho más rara. Se calcula que sólo un 3 por ciento de las especies de mamíferos son monógamos, frente a un 90 por ciento en las aves. Ya la teoría de la selección sexual nos dice que para que un macho tenga un éxito reproductivo (es decir, pase sus genes a la próxima generación) debería copular con muchas hembras. Cuando los machos compiten con otros por las hembras, generalmente terminan copulando con varias.

Hemos dicho que la monogamia es rara. Efectivamente, en mamíferos ocurre muy pocas veces. El éxito reproductor implica que un macho copule con muchas hembras, es decir, sea poligínico. Aunque siempre hay excepciones, como es el caso de algunos hámsters y ratones, en los que los machos, al ser monógamos, ayudan a las hembras en la crianza de la prole. Ahora bien, se ha comprobado que el cuidado de las crías por parte del macho y la monogamia no están correlacionados en roedores en general, ni en primates o en otros mamíferos estudiados. La monogamia exige que la pareja sea vigilada para que no copule con otros machos, y eso puede ocurrir cuando la especie vive en territorios pequeños. Si el macho es polígamo, la vigilancia de varias hembras se hace muy difícil. En la mayoría de las especies de primates, los machos son incapaces de controlar los recursos que sirven para la supervivencia y la reproducción. Como consecuencia, la competencia entre los machos se concentra en los intentos de influir o controlar el apareamiento de otros machos, y también de controlar a las hembras que son sexualmente receptivas. Si estos controles son coronados por el éxito, esto suele trascender y traducirse en un mayor rango social o en la dominancia social.

Los primates monógamos tienden a ser arbóreos y muestran pocas diferencias en el tamaño físico o en el patrón de desarrollo. Sin embargo, las especies que son poligínicas o poliándricas, por el contrario, tienden a mostrar diferencias físicas entre hembras y machos. Este dimorfismo sexual se manifiesta principalmente en el tamaño corporal y en el tamaño de los dientes caninos, que suelen ser más grandes en los machos, lo que se ha atribuido al riesgo de predación y al grado de competición intrasexual. Por cierto, las diferencias de sexo tanto en el tamaño corporal como en el desarrollo físico en los humanos modernos y en el curso de la evolución, estarían de acuerdo con la opinión de que la historia evolutiva de los humanos fue poligínica.

En la llamada poliginia por defensa de recursos, los machos suelen competir entre ellos por el control de los territorios con mejores recursos. Éstos se caracterizan por ser una buena fuente de alimentos, o porque son lugares ideales para anidar o por la ausencia de predadores. Estos machos suelen tener más de una pareja. La poliginia también suele darse cuando las hembras están agrupadas, limitando el riesgo de ser atacadas por los predadores, algo que ocurre entre ungulados (animales con pezuña) y pinípedos (focas, elefantes marinos y especies similares).

La elección de machos por las hembras es común a muchas especies de animales y puede darse en especies poligínicas, monógamas y poliándricas. En relación con las causas, Darwin suponía que las hembras elegían a aquellos machos que eran más vistosos por un cierto sentido estético, mientras que Alfred Russell Wallace, contemporáneo de Darwin y descubridor simultáneo de la teoría de la evolución por selección natural, era de la opinión de que las razones de esa elección tenían que tener un origen más práctico, como —por ejemplo— las características que ayudan a predecir la supervivencia de las crías. Se han resumido estas opiniones con la disyuntiva «o por buen gusto, o por buenos genes». Queda por saber cómo es posible que las hembras hayan desarrollado un gusto que ni siquiera muchos humanos tienen. En el segundo caso, también parece difícil que las hembras, o los machos en los casos más raros, elijan a la pareja sabiendo cómo son de buenos los genes que la pareja posee.

El problema que se planteó en la época de Darwin sobre la elección de la hembra de machos vistosos es que estos individuos, aparte de atraer la atención de las hembras, también lo hacían de los predadores.

En ciertas culturas humanas podemos encontrar ejemplos de cualquier tipo de sistema de apareamiento, aunque puede decirse que existe una tendencia hacia la monogamia, si bien temporalmente. Curioso resulta que en culturas donde la poliginia está aceptada, sin embargo, la mayoría de los matrimonios son monógamos. Mucho más rara es la poliandria. En cualquier caso, en el ser humano juega un papel esencial la cultura y la sociedad creadas por el hombre mismo.

La poliginia de los humanos

Se ha planteado el problema de cuál era el comportamiento de nuestros antepasados homininos con respecto a su sexualidad. La mayoría de los autores se inclina por pensar que la sexualidad humana de nuestros antepasados se caracterizaba por la poliginia. Hemos visto que en la mayoría de las especies de primates no humanos poliándricos, la receptividad de la hembra se señalizaba por una hinchazón y coloración de los órganos sexuales externos, mientras que en las especies monógamas estas características son menos corrientes. Se supone que la ovulación no patente en la mujer está más en relación con un sistema de apareamiento monogámico o poligínico, pero no poliándrico. En segundo lugar, en las especies poligínicas, los testículos del macho suelen ser grandes en relación con el peso corporal, pero los testículos del hombre moderno son más pequeños que lo que habría que esperar dentro de un sistema de apareamiento poligínico como el que tienen los chimpancés, de grandes testículos. Lo curioso es que los testículos del hombre moderno son más grandes que los del gorila, el cual presenta un sistema de apareamiento monogámico. Por tanto, se supone que los homininos tenían un sistema de apareamiento poligínico y el hombre moderno, cuyo apareamiento suele ser monógamo, sin embargo, en cinco de seis sociedades humanas ha permitido la poliginia.

La división de trabajo como causa del dimorfismo sexual humano

Se ha planteado la posibilidad de que el dimorfismo sexual mostrado por el humano moderno se deba a una división de trabajo ancestral, sobre todo en las sociedades más primitivas de cazadores-recolectores de las que procedemos, en las que el hombre es el que caza y la mujer se dedica a la recogida de alimentos y al cuidado de la prole. Contra esta posibilidad se argumentó que los dientes del *Australopithecus africanus* estaban más adaptados para moler granos y raíces y, aunque esto no excluye la consumición de carne, sugiere que la ventaja masculina en el tamaño físico precedió a la caza como fuente principal de subsistencia, y apoya más bien la hipótesis de que el mayor tamaño de los varones en las especies de nuestros ancestros fue el resultado de la competición entre ellos.

El síndrome de X frágil es la forma hereditaria más común de retraso mental. Afecta aproximadamente a 1 de cada 4.000 varones y 1 de cada 8.000 mujeres.

También se ha argumentado que la elección por parte de la hembra ha sido una característica importante en la dinámica sexual de nuestros ancestros, planteándose que estaría en función de la formación y mantenimiento de una relación más estable entre macho y hembra. Cuando las hembras aportan casi todo el cuidado de las crías, los machos se concentran en los esfuerzos reproductivos para el apareamiento, o por el control de los recursos que necesitan las hembras para criar a su descendencia. El hecho es que en casi todas las culturas del humano moderno, los hombres se han preocupado de aumentar su éxito reproductivo controlando los recursos físicos y biológicos que necesitan las mujeres para la cría de sus hijos.

Conclusión

Hemos visto que en la naturaleza se da todo tipo de comportamientos relacionados con el sexo, que recuerda la gama de conductas de las que el hombre moderno es capaz. Precisamente por ello he dedicado este capítulo a analizar la enorme variedad de la conducta sexual en los animales que nos han precedido en la evolución. Siempre hemos pensado que en esos animales, aparte del hombre, estas conductas son estereotipadas y automáticas, también llamadas instintivas, mientras que suponemos que en el humano moderno las conductas pueden ser elegidas. Yo no me atrevería a hacer tal aseveración. Es indudable que, a medida que el cerebro va aumentando de tamaño, desde el más simple al más complejo —sin suponer que este desarrollo sea lineal—, los grados de libertad del animal en cuestión también van aumentando. Solemos pensar que el ser humano dispone de libertad en el sentido de albedrío. No es el tema de este libro, pero es preferible hablar de mayor o menor grado de libertad que viene dado por un cerebro más o menos complejo. En este sentido, es indudable el mayor grado de libertad que el ser humano posee respecto a nuestros antepasados evolutivos, por lo que respecta a la gama de conductas que puede mostrar en el tema que nos ocupa. Ahora bien, ¿significa eso que la conducta mostrada, sea la que consideramos normal como la que no, es elegida? Mucho me temo que el cerebro formado durante la época fetal y épocas posteriores, bajo las influencias genético-ambientales, incluidas las hormonales, determina la conducta que ese individuo va a seguir en su comportamiento sexual.

Enfermedades y trastornos sexodependientes

Hemos visto que los sexos se diferencian de múltiples maneras: por su carga genética, por las gónadas y características sexuales secundarias, por sus hormonas y también por su estructura y funciones cerebrales. Luego no es de extrañar que existan enfermedades que afecten más a un sexo que al otro; su existencia es como una confirmación del dimorfismo sexual del que venimos hablando desde el comienzo de este libro.

Es obvio que enfermedades como el cáncer de próstata o el de ovario afectan sólo a un sexo, pero lo que no está tan claro ni es bien conocido es que tras una apoplejía, las mujeres se recuperan más fácilmente que el hombre en lo que respecta al lenguaje, como vimos en el capítulo II. Tampoco se sabe por qué los hombres corren un mayor riesgo que las mujeres de desarrollar arritmias de los ventrículos del corazón como respuesta a drogas que bloquean los canales de potasio. En el caso del lenguaje, ya vimos que los estudios realizados con modernas técnicas de imagen cerebral mostraron que las mujeres se basan en funciones de ambos hemisferios para ciertos aspectos del lenguaje, mientras que en hombres el lenguaje está más lateralizado en el hemisferio izquierdo en la inmensa mayoría de los individuos. En el caso de las arritmias, se sabe que las hormonas tienen una influencia sobre canales de iones en el corazón. Las hormonas tienen asimismo una influencia clara en enfermedades cardiovasculares y en la osteoporosis.

Ser del sexo masculino o femenino acarrea diversos trastornos y enfermedades peculiares a cada sexo. Así, por ejemplo, los chicos son más proclives al retraso mental y las discapacidades de aprendizaje que las chicas. En la dislexia, el número de chicos afectados es significativamente mayor. En términos generales, puede decirse que todos los trastornos de desarrollo cerebral afectan siempre más a un sexo que a otro.

Diez veces más chicos que chicas

Pero quizá el ejemplo más impresionante es el del autismo: afecta diez veces más a chicos que a chicas, al menos en el síndrome de Asperger, un tipo de autismo en el que el lenguaje no está tan afectado como en el autismo propiamente dicho. El autismo se diagnostica cuando un chico tiene problemas en su desarrollo social y comunicación con otros, mostrando además un fuerte interés obsesivo por algo raro. La mayoría tiene un coeficiente de inteligencia por debajo de lo normal y una capacidad lingüística deteriorada. La impresión que dan es que viven aislados en su mundo, sin comunicación posible con el resto. Los niños autistas suelen comenzar a hablar más tarde que los normales.

Como se ha mencionado, una variedad de autismo es el síndrome de Asperger, que se caracteriza porque los sujetos tienen las mismas dificultades sociales y comunicativas y los mismos intereses obsesivos, pero su coeficiente intelectual es normal y comienzan a hablar a tiempo.

El autismo es una enfermedad genética. Entre gemelos idénticos, si uno de ellos padece de autismo, la probabilidad de que el otro también lo padezca es del 60 al 90 por ciento. En gemelos no idénticos, la probabilidad es sólo del 20 por ciento aproximadamente. Afecta a 1 o 2 niños por cada 1.000.

El síndrome de Williams no es hereditario, pero sí de carácter genético y se produce en el momento de la concepción en aproximadamente uno de cada 20.000 nacimientos.

El autismo se considera un trastorno en el que los sujetos tienen dificultad en leer la mente de los demás, lo que se ha venido en llamar teoría de la mente, es decir, la capacidad, probablemente innata, de saber anticipar los pensamientos, sentimientos o acciones de los demás. Curiosamente, algunos sujetos muestran una capacidad extraordinaria en algunos campos, bien sea en la percepción, el cálculo o las matemáticas. Suele ocurrir —también en la dislexia— que el daño o deterioro de una parte del cerebro se acompaña con una mayor habilidad en otro campo.

Se ha descrito una reducción del cuerpo calloso y de regiones del cerebelo en estos enfermos.

Un cerebro extremadamente masculino

El gran especialista en autismo, el psicólogo Simon Baron-Cohen, considera que el cerebro femenino se caracteriza por una mayor empatía con el prójimo, comparado con el cerebro masculino. En el autista, la empatía, medida con un coeficiente de empatía, creado por el autor, era aún peor que en los varones. Las chicas establecen más contacto visual con otras personas, y desarrollan un vocabulario más rápidamente, que los chicos, y mucho más que los autistas.

Existen test para medir lo que antes llamamos teoría de la mente. Pues bien, los autistas son aún peores que los chicos, como habría que esperar. En test de física intuitiva, por el contrario, los chicos obtienen un rendimiento superior a las chicas, y los autistas superior a los chicos. Parece, pues, claro que Baron-Cohen hable de un cerebro extremadamente masculino.

¿Hay también cerebros extremadamente femeninos?

Algunos autores han especulado con la posibilidad de que los niños afectados por el síndrome de Williams podrían poseer ese cerebro extremadamente femenino. Por esta razón, vale la pena explicar un poco en qué consiste este síndrome. Las razones por las que esos autores propusieron que los afectados por este síndrome podrían representar ese cerebro ultrafemenino fueron que estos niños prestan una atención exagerada a las caras de sus congéneres, pueden hablar con enorme facilidad y con un excelente vocabulario.

Es sabido que las mujeres son más proclives a padecer de demencia que el hombre, debido quizá a una mayor susceptibilidad, a una mayor pérdida neuronal y de conexiones entre las neuronas que el hombre. La mujer también sufre el doble de depresiones, pero sufre menos trastornos cognoscitivos cuando es esquizofrénica.

Se han referido muchas enfermedades que tienen una incidencia distinta dependiendo del sexo del individuo. Entre ellas se encuentran la enfermedad de Alzheimer, el trastorno del síndrome de estrés postraumático, los trastornos de ansiedad, la esquizofrenia, la esclerosis múltiple, el autismo, la adicción, la fibromialgia (un síndrome de fatiga y dolor muscular y de tejidos blandos), el trastorno del déficit de atención (que suele acompañarse de hiperactividad), el síndrome del colon irritable (alteración de la motilidad intestinal), el síndrome de Gilles de la Tourette (tres veces más frecuente en hombres que en mujeres, se inicia en la niñez y se caracteriza por la presencia de tics involuntarios en diversos músculos, sobre todo vocales) y los trastornos alimentarios (entre los que se encuentran la anorexia nerviosa y la bulimia). Probablemente, esta lista no es exhaustiva, pero ya muestra que la funcionalidad de nuestros cerebros tiene que ser distinta de un sexo al otro. No podemos detenernos en todas las enfermedades o trastornos mencionados, pero sí en algunos.

La enfermedad de Alzheimer, verdadera plaga ahora que ha aumentado la expectativa de vida y el número de personas de edad avanzada es mayor que antes, afecta mucho más a mujeres que a hombres. Caracterizada entre otras cosas por la formación de ovillos neurofibrilares asociados a la fosforilación anormal de una proteína llamada *tau*, en el hipotálamo, la presencia de estos ovillos es mucho mayor en el hombre que en la mujer, pero en el núcleo basal de Meynert, en la base del cerebro y la mayor fuente de inervación colinérgica de la corteza, el porcentaje de neuronas que contienen estos ovillos es mucho mayor en la mujer que en el hombre. Su frecuencia es menor en mujeres antes de la menopausia que en hombres de la misma edad. Por el contrario, es mayor en mujeres después de la menopausia que en hombres de la misma edad, lo que sugiere un efecto protector de las hormonas ováricas.

La esquizofrenia suele afectar más a hombres que

a mujeres, aunque bajo esta denominación se esconden probablemente diferentes patologías que afectan de manera distinta a cada sexo. La edad de presentación, los síntomas y el curso de la enfermedad difieren según se sea hombre o mujer. También anatómicamente hay diferencias: los hombres con esquizofrenia suelen tener ventrículos cerebrales ensanchados respecto a los hombres normales, pero ése no es el caso en mujeres. La relación del tamaño de la amígdala respecto a la corteza orbitofrontal está aumentada en los hombres, pero disminuida en la mujer.

Los infartos cerebrales son más frecuentes en hombres que en mujeres por las diferencias hormonales entre ambos sexos; sin embargo, alcanzada una determinada edad, ciertos tipos de ictus pasan a ser más frecuentes en mujeres, puesto que la menopausia modifica la naturaleza hormonal de la mujer, disminuyendo la producción de estrógenos que actúan como factor protector.

Es conocido que el neurotransmisor cerebral, la dopamina, juega un papel esencial en el fenómeno de la adicción a drogas. Pues bien, se han detectado diferencias de sexo en los niveles de dopamina en diversas regiones cerebrales, así como en la respuesta de la dopamina a la estimulación por anfetaminas y hormonas sexuales. Las mujeres son más sensibles que los hombres a los efectos reforzadores de las drogas psicoestimulantes, como son la anfetamina y la cocaína, lo que explica el rápido desarrollo de la adicción en las mujeres en comparación con los hombres.

En la dislexia, la incapacidad de algunas personas para leer y escribir correctamente sin que tengan ningún otro tipo de déficit, sea visual o motor, la corteza presenta en el hemisferio izquierdo de la mayoría de las personas un patrón anormal de la arquitectura de las células en la región temporal donde se localiza el lenguaje. Se supone que se debe a una migración y agrupación anómala de las neuronas.

Se ha planteado que estas personas piensan en imágenes y no en palabras, por lo que les es muy difícil entender las letras y las palabras escritas. Estadísticas realizadas en el Reino Unido hablan de una relación niño/niña en la dislexia de 8 a 1. Como suele ocurrir cuando falla alguna región del cerebro, otras arrojan un mejor rendimiento. Esto es lo que ocurre con los disléxicos que suelen tener mejores capacidades ligadas al hemisferio derecho.

Otro trastorno que afecta más a hombres (75 por ciento) que a mujeres es la tartamudez. Tiene un componente genético, demostrado por el hecho de que en gemelos idénticos, si uno sufre de tartamudez, el otro tiene una probabilidad del 100 por ciento de sufrirla también. Existe además una probabilidad del 30 al 40 por ciento de que el hijo de un tartamudo pueda padecer el trastorno.

Diferencias de sexo en las enfermedades autoinmunes

Las enfermedades autoinmunes son aquellas infecciones en las que el organismo fabrica anticuerpos contra sustancias químicas que son normales en el cuerpo. Algunas enfermedades autoinmunes son más comunes en mujeres que en hombres, pero también ocurre lo contrario en otras.

Son enfermedades autoinmunes, por ejemplo, el lupus eritematoso y la *myastenia gravis*. El lupus eritematoso se caracteriza por episodios periódicos de inflamación y daño de articulaciones, tendones y otros tejidos conjuntivos del organismo; también puede afectar a órganos como el corazón, el cerebro y los pulmones. Tiene lugar en 1 de cada 1.000 personas, y es mucho más frecuente en mujeres en edad fértil. Los síntomas son: fiebre, erupciones, inflamación de las articulaciones, sensibilidad a la luz del sol, pérdida de cabello, llagas en la boca, problemas renales, pérdida de peso y anemia, entre otros.

La *myastenia gravis* es una enfermedad que afecta a la unión entre nervio y músculo. Allí tiene lugar una neurotransmisión que utiliza el transmisor acetilcolina, que se une a receptores específicos en el músculo. El organismo desarrolla en esta enfermedad anticuerpos contra los receptores colinérgicos y los destruye. Los síntomas son debilidad muscular, que suele ser peor al anochecer, caída de los párpados y debilidad en músculos que afectan la fonación, o incluso los músculos respiratorios. Con tratamiento que regule la función inmunológica pueden controlarse los síntomas de la enfermedad. La relación entre la mujer y el hombre es de 2 a 1, y en edades tempranas incluso de 4 a 1, corrigiéndose esta relación en la vejez.

La artritis reumatoide es una enfermedad crónica que produce en las articulaciones dolor, rigidez, hinchazón y pérdida funcional. Su origen es desconocido, pero se están estudiando los mecanismos inmunológicos inflamatorios que llevan a ella. Afecta a millones de personas en el mundo, de las cuales un

60 por ciento aproximadamente son mujeres. Suele comenzar a la edad de entre 20 y 45 años. Remite durante el embarazo.

La tiroiditis crónica, o enfermedad de Hashimoto, es una inflamación de la glándula tiroides que muy a menudo produce hipotiroidismo. La glándula tiroides produce hormonas que contienen yodo y que tienen una importante función en el desarrollo del sistema nervioso. La falta de yodo es causa de esta enfermedad, por lo que la venta de sal yodada ha evitado en muchos países su desarrollo. La enfermedad puede ocurrir en cualquier edad, pero es ocho veces más frecuente en mujeres de mediana edad y se trata, asimismo, de una enfermedad producida por la reacción del sistema inmunitario contra la glándula tiroides. Los síntomas son fatiga, estreñimiento, bocio, sequedad de la piel, pérdida del cabello y dificultades de concentración y pensamiento.

La enfermedad cardíaca coronaria se caracteriza por la acumulación de depósitos grasos en las arterias coronarias que suministran sangre al músculo cardíaco. La forma más frecuente es la acumulación de placas en el revestimiento interno de las arterias, la llamada ateroesclerosis, lo que produce un estrechamiento o bloqueo de la arteria con consecuencias funestas (infarto de miocardio). Si la obstrucción no es total, se produce la angina de pecho. Es más frecuente en el sexo masculino, pero las probabilidades se igualan por encima de los sesenta años.

Igual sucede con la hipertensión arterial, que tiene numerosas causas. Los hombres tienen mayor predisposición a desarrollar la hipertensión que las mujeres, pero con la edad esta diferencia se iguala. Los estrógenos femeninos protegen a la mujer, mientras se encuentra en la edad fértil, contra el riesgo de contraer enfermedades cardiovasculares.

En España la incidencia de personas nacidas con hemofilia es una de cada 15.000 nacimientos.

La *incontinentia pigmenti* es una rara enfermedad hereditaria y ligada al cromosoma X, por lo que afecta casi exclusivamente a mujeres. Afecta a la piel, al cabello, los dientes y las uñas. Es casi siempre mortal en hombres.

La diabetes es un trastorno metabólico de la glucosa y su distribución en el organismo. La glucosa es una fuente de combustible importantísima. La hormona del páncreas, la insulina, se encarga de su distribución entre las células del cuerpo. Este sistema puede fallar por dos razones: o el páncreas no produce insulina (diabetes tipo I), o las células del organismo no responden a la insulina que se produce normalmente (diabetes tipo II). Existe un tercer tipo, llamado diabetes gestacional, que, como el nombre indica, afecta del 2 al 5 por ciento de mujeres embarazadas. Si el páncreas no produce insulina, los pacientes tienen que inyectársela para seguir viviendo. A este tipo de diabetes también se le llama diabetes juvenil. El tipo II, por el contrario, suele afectar a personas de más de cuarenta años. En ambos casos, es imprescindible controlar los niveles de glucosa en sangre, pues pueden afectar, cuando no son normales, a otros tejidos corporales, como los vasos sanguíneos, los riñones o los nervios. Aproximadamente, uno de cada diez pacientes es insulinodependiente. En la juventud, los chicos corren un mayor riesgo que las chicas en esta afección, y, en términos generales, la prevalencia del sexo masculino es mayor que la del sexo femenino en esta enfermedad (prevalencia de una enfermedad es el número de casos que presenta la enfermedad dividido por el número de individuos que componen el grupo o la población en un determinado momento; se trata, por tanto, de una proporción y se refiere siempre a un momento temporal).

La hemofilia es una enfermedad en la que falta un factor de coagulación de la sangre. Es hereditaria y está ligada al cromosoma X, lo que significa que se presenta principalmente en mujeres, que tienen dos copias del cromosoma X, por lo que si el gen que controla el factor de coagulación (factor VIII) no funciona, el gen del otro cromosoma puede compensar esa falta. En hombres, que sólo poseen un cromosoma X, el problema se plantea si ese cromosoma tiene el gen defectuoso, en cuyo caso no se librará de la enfermedad. Por eso se dice que es una enfermedad en la que la mujer transmite la enfermedad a sus hijos varones. Aproximadamente, la mitad de los hijos varones de mujeres portadoras de ese gen desarrollan la enfermedad, que se caracteriza por hemorragias incontroladas, hematomas, sangre en la orina o en las heces. El tratamiento consiste, naturalmente, en el reemplazo del factor de coagulación que falta.

También existe una mayor sensibilidad al dolor en mujeres y mayor prevalencia de trastornos dolorosos. Las drogas opiáceas resultan más efectivas como analgésicos en mujeres jóvenes que en hombres de la misma edad.

Aproximadamente, entre un 8 y un 13% de la población mundial es zurda. Hay más zurdos hombres (12,5%) que mujeres (10%).

Este repaso de algunas enfermedades y sus diferencias entre los sexos no pretende ser exhaustiva, sino, simplemente, mostrar que la diversa afectación del hombre y la mujer por determinadas enfermedades nos está diciendo que, efectivamente, se trata de dos organismos diferentes, aunque encontremos también, como es lógico, muchas similitudes.

Es de esperar que, con el tiempo, podamos afinar aún más en estas diferencias, pero no con el prurito de defender a un sexo frente al otro o de mantener a ultranza diferencias no existentes, sino con la intención de comprender mejor a ambos organismos y de esta manera llegar a una complementariedad fructífera.

RESUMEN FINAL

Hemos visto que, efectivamente, en los últimos tiempos, se ha podido comprobar que existen diferencias entre ambos sexos no sólo morfológicamente (lo que era obvio), sino también a nivel del sistema nervioso. Rechazamos, pues, cualquier ideología que pretenda hacernos creer que el hombre y la mujer no se diferencian por lo que respecta a su cerebro, entre otras cosas porque sus conductas son muy diferentes y cualquier conducta ha de tener una base neurobiológica cerebral.

Es muy probable que la división de trabajo entre hombre y mujer, en la época más primitiva, cuando el hombre era cazador-recolector, sea la causa de estas diferencias que hoy encontramos en los distintos cerebros. Lo cual quiere decir que asimismo es muy probable que si la conducta hubiese sido la misma y ambos hubiesen realizado los mismos trabajos, el cerebro no presentaría estas diferencias. Ahora bien, es muy difícil, dada la condición fisiológica de hombre y mujer, que sus conductas y trabajos fuesen iguales. La cría de los pequeños y la mayor fuerza del hombre prácticamente conllevan que, de manera natural, se realicen trabajos muy distintos. Aunque siempre podemos forzar la naturaleza e imponer conductas diferentes de manera que ambos sexos se ocupen de las mismas funciones, esperando que con el tiempo nuestro cerebro modifique sus circuitos y asemeje los cerebros de ambos sexos. Habría que saber si esto es lo que realmente queremos.

La diferenciación sexual es un proceso enormemente complejo que comienza, como hemos visto, muy temprano en el desarrollo del embrión. Dada la cantidad de factores que juegan un papel en este desarrollo, lo que asombra es que no haya más disfunciones en este proceso.

La observación de las diferencias de sexo en la naturaleza y el comportamiento animal correspondiente son muy informativos. Todas las conductas de las que el hombre es capaz ya están más o menos reflejadas en la conducta animal, incluidas las llamadas por nosotros perversiones. Desde este punto de vista, el biológico, no existe ni la normalidad ni la moral —ambos atributos humanos—, sino simplemente conductas distintas que hablan de diversos grados de albedrío. En este terreno, también habría que decir que a lo largo de la evolución hemos adquirido más grados de libertad que otros animales que poseen un cerebro menos complejo que el nuestro. Ahora bien, la libertad en letras mayúsculas, que está en contra del determinismo que rige en la naturaleza, es probablemente una ficción cerebral.

Los ornamentos que poseen y las conductas que algunos animales exhiben cuando cortejan a la pareja son difíciles de explicar satisfactoriamente. Es casi evidente que no se basan en el aprecio estético de la pareja, como se ha sugerido, cayendo precisamente en el antropomorfismo que antes criticábamos. Pero que haya sido la pareja la que motivara esos maravillosos aditamentos de algunos animales con su capacidad de elección, por otra parte cuestionable, es realmente difícil de digerir. Es de esperar que este tema sea investigado con más profundidad en el futuro, y que nos aporte una explicación más satisfactoria. Como botón de muestra, un ejemplo: ¿cómo actúan los animales, teniendo en cuenta el llamado éxito reproductivo que, al parecer, guía la dinámica de la reproducción sexual y de la selección sexual? Siendo el éxito reproductivo un producto a posteriori, ¿cómo pueden los animales anticiparlo? Creo que aún queda mucho por estudiar y conocer en el terreno del comportamiento animal.

Desde luego, lo más interesante de la observación de la conducta animal es encontrar comportamientos que hemos heredado, y que no hacen más que recordarnos que somos animales que proceden de otros más o menos desarrollados. Aquí sí que es necesario tener en cuenta que, si bien desde el punto de vista cerebral tenemos un órgano más desarrollado que muchos de los animales que nos han precedido, hemos pagado esa ventaja atrofiando otras facultades en las que muchos animales nos aventajan. No corremos tan rápidamente como los guepardos, ni oliscamos como muchos animales, ni tenemos muchas otras habilidades que ellos tienen. También habría que recordar que Stephen Jay Gould, el biólogo de Harvard ya fallecido, consideraba el importante papel que el azar y las circunstancias han jugado para llegar al hombre, por lo que éste debe su existencia a una serie de causalidades que se han producido a lo largo de la vida de los animales en nuestro planeta; y que, desde luego, la vida no conduce necesariamente a la aparición del hombre sobre la tierra.

Parece claro que existen diferencias entre el cerebro del hombre y el de la mujer. Al menos en lo que respecta a la fluidez verbal y a la capacidad visuoespacial, estas diferencias se han encontrado una y otra vez, y es de suponer que estén relacionadas con la división de trabajo que mencionamos antes. Los datos que aportan algunas enfermedades, con secuelas de masculinización o feminización, corroboran lo dicho. Algunos autores argumentan que las diferencias individuales dentro de un mismo sexo suelen ser mayores en algunos casos que las diferencias entre los sexos. Es posible, pero ése no es un argumento que invalide el dimorfismo sexual. Lo mismo podría decirse de otras características, como la altura corporal, sin que esto invalidara el hecho de que el hombre suele ser más alto que la mujer, entre otras características físicas comprobadas una y otra vez.

Las comparaciones entre los datos encontrados en hombres homosexuales y los que se obtienen en hombres y mujeres heterosexuales son ya más sutiles y habrá que esperar a tener más informaciones al respecto.

El dimorfismo sexual de algunas áreas cerebrales, como el área preóptica del hipotálamo, está hoy fuera de duda. Mucho más difícil es saber hasta qué punto estas diferencias influyen sobre la conducta de ambos sexos; no tanto sobre la conducta relacionada con la reproducción, sino sobre conductas sexuales más sutiles, como la atracción de un sexo por otro o por el mismo, o el tema de la identidad sexual. En este sentido se ha avanzado mucho en los últimos años, pero aún queda mucho por descubrir.

Otro tema indiscutible es el importante papel que juegan las hormonas en la determinación temprana del sexo. Pero una vez constatado esto, es evidente que la endocrinología tiene todavía mucho que decir al respecto, y el capítulo de los receptores hormonales, sobre todo en el cerebro, y su influencia sobre la conducta, no está acabado ni mucho menos. Si se tiene en cuenta que el cerebro del hombre termina de madurar en la adolescencia, al menos las regiones filogenéticamente más modernas, es de esperar que durante todo ese tiempo las influencias medioambientales, entre las que se cuentan también las hormonales, tengan una enorme importancia.

En cualquier caso, estamos ante dos individuos de diferente sexo, con capacidades y cualidades complementarias. Algunas de ellas tienen ventajas sobre otras del sexo opuesto; otras, desventajas. De ahí que no se pueda deducir la superioridad de un sexo sobre otro, sino simplemente constatar que son diferentes y, como he dicho antes, complementarios. El hecho histórico de la opresión del sexo femenino por el masculino en la historia de la humanidad no debe llevarnos a considerar que el ideal sea la igualdad total entre los sexos. Una cosa es el papel social que cada uno debe jugar y su igualdad ante la ley, y otra, sacar de ello la conclusión de que deberíamos ser completamente iguales desde el punto de vista biológico. A medida que los conocimientos se van acumulando, parece que esa igualación no sería posible sin una manipulación genética; eso en el caso de que todos estuvieran de acuerdo en esa medida, lo cual es más que dudoso.

GLOSARIO

5-ALFA-REDUCTASA: enzima que convierte la testosterona en dehidrotestosterona (DHT).

ADN: sigla del ácido desoxirribonucleico (en inglés: *deoxyribonucleic acid*, DNA), componente químico primario de los cromosomas y con el que los genes están codificados.

AFASIA: incapacidad de comunicarse mediante el lenguaje oral, la escritura o los signos.

ÁFIDOS: familia de insectos del orden de los homópteros. Se conocen vulgarmente como pulgones, parásitos de plantas.

ALELO: forma variante de un gen en una posición determinada, o de un marcador particular de un cromosoma. Los diferentes alelos de un gen son responsables de características hereditarias, como el color del cabello.

AMÍGDALA: estructura cerebral con forma de almendra en la profundidad del lóbulo temporal, perteneciente al sistema límbico y relacionada con el miedo y la agresión.

ANDRÓGENOS: hormonas sexuales masculinas, como la testosterona, la androsterona y la androstendiona. Son segregadas por el testículo, pero también por los ovarios de la mujer y por la corteza suprarrenal.

ANDROGINIA: se refiere a la posesión de rasgos tanto masculinos como femeninos.

ANDROSTENDIONA: hormona androgénica que se produce en las glándulas suprarrenales y en las gónadas. Se convierte, en músculo y hueso, en testosterona.

ANTROPOMORFISMO: atribución de características y cualidades humanas a seres no humanos, objetos o fenómenos naturales.

APOPLEJÍA: sinónimo de ictus apoplético o accidente cerebrovascular. Es una suspensión brusca de algunas funciones cerebrales (pérdida de la consciencia, del movimiento o del habla) debida a una repentina disminución de la circulación de la sangre en el cerebro.

APOPTOSIS: uno de los tipos principales de muerte celular programada.

ÁREA DE BROCA: región cortical del cerebro responsable de la producción del habla, también llamada área motora del lenguaje, situada en la tercera circunvolución frontal.

ÁREA DE WERNICKE: región cortical del cerebro en la primera circunvolución temporal izquierda, cuya función es la descodificación auditiva del área lingüística. También es llamada área sensorial del lenguaje.

ÁREA PREÓPTICA DEL HIPOTÁLAMO: región cerebral localizada delante del hipotálamo, al que pertenece funcionalmente. Es un área sexualmente dimórfica, es decir, diferente en el hombre y la mujer.

AROMATASA: enzima que convierte la testosterona en estradiol.

ARTRITIS REUMATOIDE: enfermedad crónica que ocasiona inflamación de articulaciones y tejidos circundantes, y que afecta más a mujeres que a hombres.

ATP: sigla de trifosfato de adenosina.

ATROFIA: falta de desarrollo de cualquier parte del cuerpo.

AUDICIÓN DICÓTICA: envío de dos informaciones distintas a cada oído para lateralizar al hemisferio contralateral la información que se da en uno de ellos.

AUSTRALOPITECOS: primeros primates que pudieron caminar en posición erecta y con liberación de la mano. Literalmente, la palabra significa «simio austral».

AUTISMO: trastorno hereditario que suele aparecer en los primeros tres años de vida y que se caracteriza por comportamientos repetitivos, trastornos de relación social, falta de emocionalidad e interés, y retraso o ausencia de lenguaje. El lenguaje está presente en una forma más leve de autismo como es el síndrome de Asperger. Se supone que a los niños autistas les falta la capacidad de entender las intenciones y pensamientos de los demás, lo que se ha llamado teoría de la mente. Afecta más a niños que a niñas.

AUTOSOMAS: cualquier cromosoma que no es sexual. En el hombre, los cromosomas 1 a 22 son autosomas, el par 23 corresponde a los cromosomas sexuales X e Y.

BABUINOS: primates llamados también papiones. Son los primates más corpulentos del Viejo Mundo a excepción de los grandes simios.

BONOBOS: también llamados chimpancés pigmeos (*Pan paniscus*), son una especie del género de los chimpancés (*Pan*). Habitan el África Central y son conocidos por el papel preponderante de su actividad sexual.

CAPULINEROS: también llamados jardineros, pájaros

glorieta y pergoleros, pertenecen a la familia de los *Ptilogonatidae*.

CARACTERÍSTICAS SEXUALES PRIMARIAS: son los órganos sexuales externos que permiten determinar si un recién nacido es hembra o varón.

CARACTERÍSTICAS SEXUALES SECUNDARIAS: son las que distinguen entre los dos sexos de una especie, pero que no forman parte del órgano reproductor, como los cuernos del venado, las plumas de la cola del pavo real. En el hombre son el vello, la anchura de tórax y hombros, la masa muscular, etc. En la mujer, los senos, la anchura de caderas, la grasa subcutánea, etc.

CÉLULAS DE LA GLÍA: células cerebrales que no conducen impulsos nerviosos y que se supone que proporcionan soporte y nutrientes a las neuronas o células nerviosas propiamente dichas. Son diez veces más numerosas que éstas.

CICLO MENSTRUAL: ciclo que tiene como misión preparar el organismo femenino para el embarazo. La primera fase se denomina folicular; comienza el primer día de la regla y termina en la ovulación, y se llama así porque se desarrolla el folículo donde se encuentra el óvulo u oocito. La segunda fase se llama luteal o del cuerpo amarillo, y dura hasta que se implanta el óvulo en el útero o se produce la menstruación; en esta fase el útero se prepara para alimentar al futuro embrión.

CICLO OVÁRICO: tiene lugar en el ovario y el ciclo menstrual, en la mucosa uterina.

CLÍTORIS: órgano eréctil de la mujer situado en la parte superior de la vulva, productor de placer.

CLONACIÓN: obtención de uno o varios individuos a partir de una célula o de un núcleo.

COLECISTOQUININA: hormona gastrointestinal que puede actuar como neurotransmisor o neuromodulador e implicada en mecanismos reguladores de la ansiedad y del apetito.

COLESTEROL: lípido encontrado en tejidos corporales y en el plasma sanguíneo de los vertebrados, especialmente en hígado, médula espinal, páncreas y cerebro; precursor de las hormonas sexuales.

CONDUCTOS DEFERENTES: también llamados vasos deferentes, conectan el epidídimo con los conductos eyaculatorios por los que discurre el semen.

CÓPULA: también llamada coito, es la unión sexual entre dos individuos de distinto o del mismo sexo. En humanos implica la participación de los órganos genitales externos.

CORTEZA SUPRARRENAL: parte de las glándulas suprarrenales que están situadas en la cara anterosuperior de los riñones. La corteza produce mineralcorticoides y glucocorticoides, que incluyen la aldosterona y el cortisol. También es un lugar secundario de síntesis de andrógenos.

CREACIONISMO: creencia según la cual la Tierra y cada ser vivo existe por un acto de creación de un ser sobrenatural. El llamado diseño inteligente es una forma de creacionismo. Se enfrenta a la teoría de la selección natural de Charles Darwin.

CROMOSOMA: cada uno de los pequeños cuerpos en forma de bastón donde se encuentra la cromatina del núcleo celular en la mitosis, donde se divide longitudinalmente, dando origen a dos cadenas gemelas iguales. En el hombre hay 46 cromosomas, 23 pares autonómicos y un par de cromosomas sexuales.

CUERPO AMARILLO: cuando el folículo expulsa el óvulo, lo que queda se convierte en una pequeña glándula de color amarillo que produce la hormona progesterona. Si hay embarazo, seguirá creciendo y produciendo progesterona; si no, se autodestruye.

CUERPO CALLOSO: haz de unos 200 millones de fibras que comunica un hemisferio cerebral con el otro.

DENDRITAS: prolongaciones protoplásmicas ramificadas de la célula nerviosa que reciben estímulos de otras células.

DESFEMINIZACIÓN: inhibición de las conductas femeninas como la lordosis. Tiene que tener lugar, al menos en roedores, para que se produzca una conducta típicamente masculina, y depende de la acción de los estrógenos sobre sus receptores en el cerebro.

DHT: sigla de dehidrotestosterona. La testosterona se convierte, en el cabello y en la piel, en dehidrotestosterona. Su exceso está ligado al acné y la calvicie.

DIABETES: son dos enfermedades distintas: la diabetes tipo I se debe a que el páncreas no segrega suficiente cantidad de insulina, que reduce los niveles de glucosa en la sangre; en la diabetes tipo II, el páncreas segrega insulina, pero los tejidos, como el tejido adiposo o el hígado, no responden a la acción de la insulina.

DIMORFISMO SEXUAL: diferencia de formas, coloración y tamaño corporal entre machos y hembras de una misma especie.

DISEÑO INTELIGENTE: véase *Creacionismo*.

DISLEXIA: incapacidad de una persona para leer y escribir correctamente.

DISTROFIA MUSCULAR TIPO DUCHENNE: trastorno hereditario, caracterizado por debilidad muscular, de progresión rápida, que comienza en piernas y pelvis, y luego afecta a todo el cuerpo.

DOPAMINA: neurotransmisor cerebral especialmente importante en los ganglios basales con funciones motoras y en el sistema límbico.

ELECTROCAUTERIO: sinónimo de bisturí eléctrico, utilizado en cirugía fundamentalmente por su poder de hemostasia.

ENDOMETRIO: mucosa que recubre el interior del útero. Su función es alojar el óvulo fecundado o cigoto para permitir su implantación y favorecer el desarrollo de la placenta.

ENFERMEDAD DE ALZHEIMER: enfermedad neurodegenerativa que cursa con deterioro cognitivo y trastornos conductuales, con pérdida progresiva de la memoria y la orientación en el espacio.

ENFERMEDADES AUTOINMUNES: trastornos causados por una respuesta inmune contra los propios tejidos del cuerpo. A este grupo pertenece la *myastenia gravis*, el lupus eritematoso, la anemia perniciosa, la artritis reumatoide, la tiroiditis crónica de Hashimoto, etc.

EPIDÍDIMO: tubo estrecho y alargado en la parte posterior y superior del testículo. Está compuesto de los conductos seminíferos.

EPIGENÉTICA: cambios reversibles de ADN que hacen que unos genes se expresen y otros no, dependiendo de condiciones medioambientales.

Escroto: saco o bolsa de piel que contiene los testículos, los vasos sanguíneos y parte del cordón espermático.

Espermatogénesis: mecanismo encargado de la producción de espermatozoides. Las células productoras se encuentran en los testículos.

Espermatozoides: célula que constituye el gameto masculino en animales. Se forman en el interior de los testículos, dentro de los túbulos seminíferos.

Espinas dendríticas: pequeñas protuberancias en las dendritas de las células nerviosas donde se establecen sinapsis con los axones de otras células. Son importantes en el fenómeno de plasticidad y aprendizaje.

Esquizofrenia: trastorno de la personalidad y del pensamiento con ideas delirantes, alteración de la percepción, afectos anormales y aislamiento, o sea, con disociación entre la realidad y su mundo. Es una enfermedad variopinta que probablemente reúna diferentes entidades nosológicas.

Esteroides: sustancias químicas derivadas del núcleo del ciclpentanoperhidrofenantreno. El más conocido es el colesterol. Entre las hormonas esteroides se encuentran la testosterona y derivados, los anabolizantes androgénicos esteroides y las hormonas sexuales femeninas.

Estímulos somestésicos: respuestas que resultan de la estimulación de los receptores cutáneos, térmicos y del dolor.

Estradiol: hormona sexual, el estrógeno más importante en humanos con influencia no sólo en el funcionamiento de la reproducción y de la sexualidad, sino también en otros órganos, como la estructura ósea.

Estrógenos: hormonas sexuales de tipo femenino producidas por los ovarios y también, aunque en menor cantidad, por las glándulas adrenales. Estimulan la proliferación celular en endometrio, mama y ovario, entre otros muchos órganos.

Estructuras urogenitales: lo mismo que el aparato urogenital, se componen de los órganos urinarios y de los órganos sexuales que están en relación con el proceso de reproducción.

Eunuco: hombre castrado.

Falaropos: aves marinas del orden de los *Charadriiformes*.

Fenotipo: manifestación y expresión del genotipo (información genética). Es una información modulada por el medio ambiente. En un organismo, es la apariencia física y la constitución de determinados rasgos, como el color de los ojos y la personalidad.

Fibras aferentes o fibras sensitivas: las prolongaciones nerviosas que se dirigen al sistema nervioso central.

Fibras eferentes o fibras motoras: se dirigen desde el sistema nervioso central a la periferia.

Fibromialgia: trastorno reumático no articular, con dolor y rigidez de músculos, tendones y tejido blando circundante. Afecta más a mujeres que a hombres.

Fibrosis cística: enfermedad hereditaria de las mucosas y de las glándulas sudoríparas. Afecta los pulmones, el páncreas, el hígado, los intestinos y los órganos sexuales. En los pulmones, la formación de moco bloquea las vías aéreas, generando un caldo de cultivo de bacterias que producen infecciones pulmonares graves.

Fisión celular: división celular en la que una célula inicial o madre se divide en dos para formar dos células hijas.

Folículos de Graf: cuando el folículo ovárico madura, recibe el nombre de folículo de Graf.

Gametos: cada una de las células sexuales masculina y femenina que se unen en la fecundación para formar el cigoto.

Ganglios basales: grupo de núcleos motores situados debajo de la corteza cerebral.

Gelada: *Theropithecus gelada*, primate del Viejo Mundo natural de África.

Gemelos univitelinos o idénticos: en español, se denominan gemelos los bebés que nacen de un mismo óvulo, y los que nacen de dos óvulos o bivitelinos se llaman mellizos; los gemelos son, pues, idénticos.

Género: como se explica en el texto, el sexo es una categoría biológica y el género, una categoría gramatical. Pero en la Conferencia Mundial de Pekín sobre la Mujer se aclaró la diferencia entre estos dos vocablos atribuyendo al sexo las diferencias biológicas entre hombre y mujer, y al género el distinto comportamiento de hombres y mujeres en la sociedad según la educación, la familia, etc.

Genes: unidades básicas de la herencia en los seres vivos; secuencia lineal de nucleótidos en la molécula de ADN que contiene la información necesaria para la síntesis de una macromolécula con función celular específica, como las proteínas.

Genitales: pueden ser externos e internos. Los externos son, en el hombre, los testículos, el conducto deferente, la vesícula seminal, el pene y el escroto; los internos, la uretra y la próstata. En la mujer, los internos son las trompas de Falopio, los ovarios, el útero y la vagina; y los externos, la vulva.

GENOMA: conjunto de cromosomas de una especie.

GENOTIPO: contenido genético de un individuo en forma de ADN.

GLANDE: zona muy sensible del pene, extremo del cuerpo esponjoso con forma de cono y cubierto por el prepucio.

GLÁNDULA PITUITARIA: también llamada hipófisis, está situada en la base del cráneo y alojada en la llamada silla turca del hueso esfenoides. Se conecta con el hipotálamo por el tallo pituitario o tallo hipofisario.

GLÁNDULAS ADRENALES: véase *Glándulas suprarrenales*.

GLÁNDULAS BULBOURETRALES: también conocidas como glándulas de Cowper, se encuentran debajo de la próstata masculina y segregan un líquido alcalino que lubrica y neutraliza la acidez de la uretra antes del paso del semen en la eyaculación.

GLÁNDULAS SUPRARRENALES: también llamadas glándulas adrenales, están situadas en la parte superior de ambos riñones. Constan de corteza y médula. Ambas segregan hormonas: la corteza, con efectos sobre el metabolismo corporal, como la hidrocortisona o cortisol, la corticosterona, con efectos sobre el sistema inmunológico, la aldosterona, que inhibe la secreción de sodio por la orina y los esteroides androgénicos; la médula segrega hormonas importantes en el estrés físico y emocional, como la adrenalina y la noradrenalina.

GLUTAMATO O ÁCIDO GLUTÁMICO: aminoácido que se utiliza en el sistema nervioso central como neurotransmisor excitatorio, especialmente en la corteza cerebral.

GONADOTROPINAS: hormonas proteínicas segregadas por las células gonadotrópicas de la glándula pituitaria de los vertebrados. Las principales son la hormona luteinizante (LH) y la hormona estimuladora del folículo (FSH).

HEMISFERIO DOMINANTE: se dice del hemisferio donde están localizadas la mayoría de las funciones lingüísticas. Suele ser el izquierdo en más del 90 por ciento de la población.

HEMOFILIA: nombre que reciben varias enfermedades hereditarias que dañan el sistema de coagulación de la sangre por falta de algún factor de coagulación.

HERMAFRODITISMO: característica de un ser vivo que tiene los aparatos sexuales masculino y femenino o un aparato mixto capaz de producir gametos masculinos y femeninos al mismo tiempo.

HETEROSEXUAL: adjetivo del sustantivo *heterosexualidad*, el cual designa una orientación sexual que se caracteriza por la atracción o el deseo amoroso por personas del sexo opuesto.

HIPERPLASIA ADRENAL CONGÉNITA: enfermedad hereditaria en la que las glándulas adrenales no producen la suficiente cantidad de hormonas (cortisol y aldosterona), pero producen demasiados andrógenos.

HIPÓFISIS: también llamada glándula pituitaria.

HIPOGONADISMO HIPOGONADOTRÓPICO IDIOPÁTICO: desarrollo defectuoso de la función de las gónadas con ausencia de secreción de gonadotropinas pituitarias. Se suele llamar también hipogonadismo primario.

HIPOTÁLAMO: región cerebral situada debajo del tálamo, en la base del cerebro, y considerada el centro integrador del sistema nervioso vegetativo o autónomo. Regula la homeostasis del organismo y produce varias hormonas.

HOMEOSTASIS: estado de equilibrio dinámico o conjunto de mecanismos por el que todos los seres vivos tienden a alcanzar una estabilidad en las propiedades de su medio interno para mantener la vida.

HOMININOS: subfamilia de los homínidos que incluye exclusivamente a los homínidos (*Homo*) y a los chimpancés (*Pan*).

HOMOSEXUAL: adjetivo del sustantivo *homosexualidad*, el cual designa una orientación sexual que se caracteriza por la atracción o el deseo amoroso por personas del mismo sexo.

HORMONA ESTIMULADORA DEL FOLÍCULO (FSH): hormona sintetizada y segregada por la región anterior de la glándula pituitaria. Estimula el crecimiento de los folículos de Graf hasta su maduración.

HORMONA LUTEÍNICA (LH): hormona proteína reguladora de la secreción de testosterona en el hombre. En la mujer, es la controladora de la maduración de los folículos, la ovulación, la iniciación del cuerpo lúteo y la secreción de progesterona.

HORMONAS: sustancias químicas segregadas por células especializadas en las glándulas de secreción interna o glándulas endocrinas. Se transportan por vía sanguínea con efecto en órganos y tejidos.

HORMONAS GONADOTRÓPICAS: se denominan así dos hormonas hipofisarias: la hormona luteínica (LH) y la hormona estimuladora del folículo (FSH).

IDENTIDAD DE SEXO: conjunto de características sexuales que nos hacen diferentes a los demás: preferencias, sentimientos y actitudes ante el sexo. El sentimiento de masculinidad o feminidad acompaña al individuo a lo largo de la vida, y no siempre está de acuerdo con el sexo biológico o con la genitalidad.

INCONTINENTIA PIGMENTI: trastorno raro, genético, caracterizado por patrones de piel descoloridos, pero que puede afectar a los dientes, el pelo, los ojos y el sistema nervioso central.

LÍQUIDO AMNIÓTICO: líquido en el que flota el feto durante el embarazo, protegiéndolo de golpes o movimientos súbitos, permitiendo su movimiento libre y el desarrollo simétrico de sus músculos y huesos, manteniéndolo en temperatura constante y permitiendo el desarrollo de sus pulmones.

LORDOSIS: rotación anterior de la pelvis que causa un aumento anómalo de la curvatura lumbar. Postura típica en roedores durante el coito.

LUPUS ERITEMATOSO: trastorno autoinmune, inflamatorio y crónico que puede afectar a la piel, las articulaciones, los riñones y otros órganos.

MANDRILES: especies de monos del Viejo Mundo, naturales de África.

MASCULINIZACIÓN: desarrollo anormal de las características sexuales masculinas en una hembra, generalmente como resultado de terapia hormonal y de disfunción adrenal.

MASSA INTERMEDIA: parte que une el tálamo de ambos hemisferios.

MECANORRECEPTORES: receptores localizados en la periferia del organismo, pero también en músculos y articulaciones que responden a la presión, el tacto o la vibración.

MÉDULA ESPINAL: cordón nervioso situado dentro de la columna vertebral con vías que conducen las sensaciones al cerebro y los impulsos motores a los músculos.

MENARQUIA: primer sangrado menstrual.

MENOPAUSIA: fecha de la última menstruación de la mujer.

MENSTRUACIÓN: pérdida en la mujer sexualmente madura de una pequeña cantidad de sangre procedente del útero, aproximadamente cada veintiocho días, como consecuencia de la descamación brusca del endometrio por efecto de una brusca privación hormonal.

MICROGLÍA: células pequeñas y alargadas con prolongaciones cortas e irregulares y con capacidad fagocitaria en el sistema nervioso central.

MITOCONDRIAS: orgánulos celulares que suministran la energía necesaria para la actividad de la célula, sintetizando ATP.

MONOGAMIA: relación amorosa y sexual exclusiva entre dos personas.

MÚSCULO BULBOCAVERNOSO: músculo que rodea el bulbo del pene o del clítoris, y que interviene en la micción, erección y eyaculación.

MÚSCULOS LISOS: músculos de las vísceras controlados por el sistema nervioso vegetativo o autónomo, y localizados en los aparatos excretor y reproductor, en vasos sanguíneos, en la piel y en los órganos internos.

MUTACIÓN: alteración o cambio en la información genética de un ser vivo.

MYASTENIA GRAVIS: enfermedad neuromuscular autoinmune y crónica, caracterizada por grados variables de debilidad muscular en músculos esqueléticos.

NMDA: receptores N-Metil-D-Aspartato que reaccionan con el glutamato. Juegan un papel en la plasticidad sináptica relacionada con el aprendizaje y la memoria.

NÚCLEO BASAL DE MEYNERT: agrupación de células nerviosas situada en la base del cerebro. Es la mayor fuente de inervación colinérgica (de acetilcolina) de la corteza cerebral. Está fuertemente afectado en la enfermedad de Alzheimer.

NÚCLEO BASOLATERAL DE LA AMÍGDALA: parte de una estructura en forma de almendra (de ahí el nombre de amígdala) situada en las profundidades del lóbulo temporal y que pertenece al sistema límbico.

NÚCLEO CELULAR: parte de la célula que contiene el material hereditario y que es la base del repertorio de instrucciones en que se basa el desarrollo y funcionamiento de cada organismo.

NÚCLEO DEL LECHO DE LA ESTRÍA TERMINAL: núcleo hipotalámico que presenta un dimorfismo sexual, siendo mayor en hombres que en mujeres.

NÚCLEO SUPRAQUIASMÁTICO: núcleo situado encima del quiasma óptico implicado en los ritmos circadianos y en los ciclos reproductivos. Se diferencia, de un sexo al otro, por la forma.

NÚCLEOS INTERSTICIALES DEL HIPOTÁLAMO: cuatro grupos de células localizadas en el hipotálamo anterior de primates que juegan un papel en la conducta sexual.

ORGASMO: momento de culminación del placer sexual.

OVARIOS: gónadas femeninas que producen hormonas sexuales y óvulos, situadas a ambos lados del útero.

OVOCITO: gameto o célula sexual femenina producida por el ovario y portadora del material genético, que al ser fecundado por un espermatozoide se convierte en cigoto.

OVULACIÓN: expulsión del ovario, espontánea o inducida, de uno o varios óvulos.

ÓVULOS: gametos femeninos.

ÓXIDO NÍTRICO: gas incoloro y poco soluble presente en pequeñas cantidades en mamíferos. En el cerebro puede jugar un papel de neurotransmisor.

PARÁSITOS: seres vivos que pasan una parte o toda la vida en el interior o exterior de otro ser vivo de diferente especie, del cual se nutren.

PARTENOGÉNESIS: forma de reproducción sexual común a insectos, anfibios y reptiles, así como a plantas, basada en el desarrollo de células sexuales femeninas no fecundadas.

PENE: llamado también falo, es el órgano copulador y reproductivo masculino, así como de excreción urinaria en los mamíferos.

PLANUM TEMPORALE: región del lóbulo temporal que está en relación con las funciones auditivas del ser humano.

POLIANDRIA: condición en la que una sola mujer tiene varios hombres como esposos.

POLIGAMIA: relación amorosa y sexual de una persona con varias otras, lo contrario de monogamia.

POLIGINIA: condición en la que un solo hombre tiene varias mujeres como esposas.

POLIPÉPTIDO INTESTINAL VASOACTIVO: se encuentra en el intestino y en el cerebro, y está implicado en la regulación del ritmo cardíaco. Es necesario para que el reloj biológico cerebral coordine los ritmos diarios.

PREVALENCIA: proporción de individuos de un grupo o de una población que presentan una característica o evento determinado en un período de tiempo. En la enfermedad, se trata del número de casos de esa enfermedad dividido por el número de individuos del grupo o de la población determinados.

PROGESTERONA: hormona sexual femenina producida por el ovario, aunque también por las glándulas adrenales y por el hígado, que prepara al endometrio para la implantación del embrión.

PROGESTINA: nombre que se le da a los progestágenos sintéticos, que se utilizan como anticonceptivos.

PRÓSTATA: órgano glandular del aparato génito-urinario masculino en forma de castaña, localizado enfrente del recto. Produce líquido seminal, que protege y nutre a los espermatozoides.

QUIASMA ÓPTICO: lugar de cruce de las fibras de los nervios ópticos en la base del cerebro.

RECEPTORES: los receptores sensoriales son especializaciones de terminaciones nerviosas que son sensibles a determinadas clases de energía.

RECOMBINACIÓN GENÉTICA: proceso por el cual se redistribuye la información genética.

REPRODUCCIÓN ASEXUAL: proceso por el cual un individuo se desprende de una sola célula por mitosis capaz de formar un individuo completo genéticamente idéntico.

REPRODUCCIÓN SEXUAL: mecanismo por el cual dos células sexuales o gametos originados en distintos sexos se unen para formar un cigoto.

SEMEN: líquido viscoso y blanquecino segregado por el pene durante la eyaculación al final del acto sexual o de la masturbación, y producido por las glándulas del tracto urogenital masculino.

SEXO: condición orgánica, masculina o femenina, de los animales y plantas.

SINAPSIS: uniones especializadas mediante las cuales las células nerviosas envían señales de unas a otras.

SÍNDROME DE GILLES DE LA TOURETTE: trastorno caracterizado por múltiples tics vocales y motores, que comienzan antes de la edad de dieciocho años. Se trata de un trastorno hereditario que afecta más a chicos que a chicas y que, a veces, se acompaña de la utilización de palabras socialmente inapropiadas (coprolalia).

SÍNDROME DE KLINEFELTER: condición que se presenta en hombres como resultado de la presencia de un cromosoma X extra y cuyo síntoma más común es la infertilidad.

SÍNDROME DE TURNER: afección genética que ocurre sólo en mujeres a las que les falta un cromosoma

X o parte de un cromosoma X. Los síntomas más comunes son baja estatura, falta de desarrollo de los ovarios e infertilidad.

SÍNDROME DE WILLIAMS: trastorno genético caracterizado por retardo mental, problemas con el equilibrio del calcio y enfermedad vascular, debido a la falta de parte del material genético en una copia del cromosoma 7. La apariencia física de estos pacientes se asemeja a un elfo, con déficit de atención, pero algunos con extraordinarias habilidades musicales.

SIRINGE: aparato de fonación de las aves situado en el lugar en que la tráquea se bifurca para formar los bronquios.

SISTEMA LÍMBICO: sistema formado por varias estructuras cerebrales, que gestionan respuestas a estímulos emocionales, y relacionado con la memoria, la atención, las emociones, la personalidad y la conducta.

SISTEMA NERVIOSO AUTÓNOMO: también conocido como sistema nervioso vegetativo, recibe información de las vísceras del cuerpo y del medio interno, y actúa sobre glándulas, músculos lisos y vasos sanguíneos.

SISTEMA PARASIMPÁTICO: parte del sistema nervioso autónomo cuya función es la conservación de las energías del organismo o realizar funciones importantes como la digestión, la micción y el acto sexual.

SISTEMA SIMPÁTICO: parte del sistema nervioso autónomo, cuya función es preparar al organismo para la lucha o la huida.

SOMATOSTATINA: hormona producida por las células delta del páncreas que inhibe la secreción de insulina y glucagón. También se segrega por el hipotálamo e inhibe la hormona del crecimiento.

SPLENIUM DEL CUERPO CALLOSO: región posterior del cuerpo calloso llamada también rodete.

SRY: gen que determina el sexo situado en el cromosoma Y en humanos y otros primates. Codifica el factor determinante de los testículos.

TAQUISTOSCOPIA: proyección rápida de imágenes en una pantalla mientras el individuo fija un punto en el centro del campo visual. De esta manera, se lateraliza la información de un campo visual al hemisferio contralateral.

TENIA SOLITARIA: parásito platelminto que vive en el intestino delgado y cuyos huevos se diseminan en el medio a través de las heces humanas y/o animales en los que se encuentra como huésped.

TEOGONÍA: poema escrito por el griego Hesíodo (siglos VIII-VII a. C.) en el que se discurre sobre el origen del mundo (cosmogonía) y de los dioses (teogonía).

TEST DE WADA: inyección en la arteria carótida de un lado de un anestésico para dormir sólo un hemisferio. Se utiliza en el estudio de la lateralización de funciones cerebrales.

TESTÍCULOS: cada una de las dos gónadas masculinas que producen espermatozoides y hormonas sexuales masculinas (testosterona).

TESTOSTERONA: hormona androgénica masculina.

TIROIDITIS CRÓNICA O ENFERMEDAD DE HASHIMOTO: trastorno del tiroides más frecuente en mujeres de mediana edad. Está producido por la reacción del sistema inmunitario contra la glándula tiroides.

TRANSEXUALIDAD: característica de la persona en la que su identidad sexual está en conflicto con su anatomía sexual.

TRAVESTISMO: práctica que consiste en vestir las ropas típicas del sexo opuesto.

TROMPAS DE FALOPIO: conductos delgados que conducen los óvulos desde el ovario hasta el útero.

ÚTERO O MATRIZ: órgano de la gestación del aparato reproductor femenino.

VAGINA: conducto elástico muscular que en las hembras de los mamíferos se extiende desde la vulva hasta el útero.

VESÍCULA SEMINAL: glándulas seminales productoras de aproximadamente el 70 por ciento del líquido seminal, situadas detrás de la vejiga urinaria por encima de la base de la próstata.

VIAGRA: sustancia química utilizada para tratar la impotencia y la hipertensión pulmonar arterial.

VULVA: conjunto externo de los genitales femeninos que consta de los labios mayores, los labios menores y el clítoris, la apertura de la uretra y la entrada de la vagina.

ZONAS ERÓTICAS O ERÓGENAS: zonas del cuerpo particularmente sensibles sexualmente, como los labios del hombre y la mujer, los pechos, los órganos genitales, el perineo y el ano, entre otras.

ZOOMORFISMO: culto religioso que imprime forma de animal a la divinidad.